AF377800

MUSÉE DE SAINT-OMER

CATALOGUE

SOCIÉTÉ D'AGRICULTURE
SECTION D'HISTOIRE NATURELLE

MUSÉE

DE

SAINT-OMER

CATALOGUE

DES

MAMMIFÈRES — OISEAUX

ŒUFS ET PAPILLONS

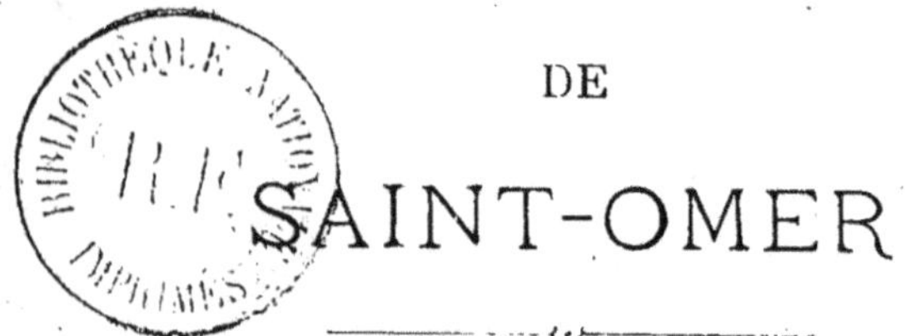

SAINT-OMER
IMPRIMERIE ET LITHOGRAPHIE H. D'HOMONT
RUE DES CLOÛTERIES, 14.

1893

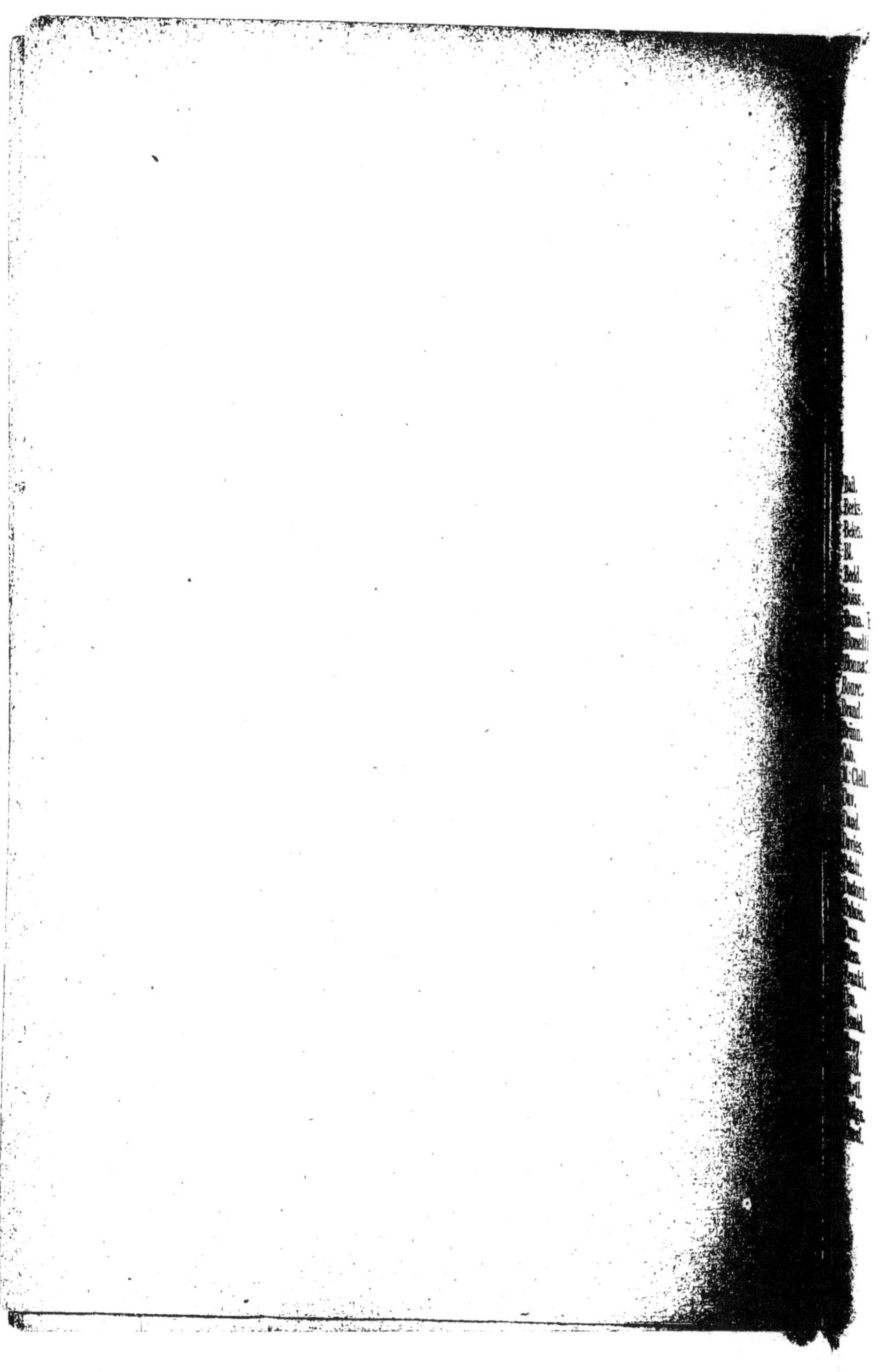

NOMS D'AUTEURS

Bail.	Baillon.	Hahn.	Hahn.
Becks.	Beckstein.	Hasselq.	Hasselquist.
Belon.	Belon.	Homb.	Hombron.
Bl.	Blyth.	Keys.	Keyserling.
Bodd.	Boddaert.	Koch.	Koch.
Boiss.	Boisseauneau.	Lafr.	Lafresnaye.
Bona. Bp.	Bonaparte.	La Marm.	La Marmora.
Bonelli.	Bonelli.	Lath.	Latham.
Bonnat.	Bonnaterre.	Lawr.	Lawrence.
Bourc.	Bourcier.	Leisl.	Leisler.
Brand.	Brandt.	Lesson.	Lesson.
Brünn.	Brünnich.	Linn.	Linné.
Cab.	Cabanis.	Licht.	Lichenstein.
M. Clell.	M. Clelland.	Lodd.	Loddiges.
Cuv.	Cuvier.	Malh.	Malherbe.
Daud.	Daudin.	Max.	Maximilien prince de Wield.
Davies.	Davies.		
Delatt.	Delattre.	Mey.	Meyer.
Desfont.	Desfontaines.	Mol.	Molin.
Dubois.	Dubois.	Mont.	Montagne.
Dum.	Dumeril.	Müll.	Müller.
Flem.	Flemming.	Natt.	Natterer.
Frankl.	Franklin.	Naum.	Naumann.
Gm.	Gmelin.	Osb.	Osbeck.
Gould.	Gould.	Pall.	Pallas.
Gray.	Gray.	Pen.	Pennant.
Guld.	Güldenstadt.	Reich.	Reichenbach.
Hartl.	Hartlanb.	Retz.	Retzius.
Hodgs.	Hodgson.	Rüpp.	Rüppel.
Horsf.	Horsfield.	Sav.	Savi.

Schl.	Schlegel.	Sw.	Swainson.
Sclat.	Sclater.	Sykes.	Sykes.
Scop.	Scopoli.	Tem.	Temminck.
Shaw.	Shaw.	Tsch.	Tschudi.
Sibb.	Sibbald.	Verr.	Verreaux.
Spix.	Spix.	Vieil.	Vieillot.
Stanl.	Stanley.	Vig.	Vigors.
Steph.	Stephenson.	Wagl.	Wagler.
Strickl.	Strickland.	Wils.	Wilson.
Sundev.	Sundeval.		

MAMMIFÈRES

——— ✕ ———

CLASSIFICATION

DE

A. E. BREHM

MAMMIFÈRES

PRIMATES

1. SEMNOPITHECUS Maurus, SEMNOPITHÈQUE
Maure.

Hab. Java.

A. Mâle adulte.

2. CERCOPITHECUS Griseo-Viridis, CERCOPITHÈ-
QUE gris-vert.

Hab. Afrique.

A. Mâle adulte.

3. CERCOPITHECUS Ruber, CERCOPITHÈQUE
rouge.

Hab. Afrique.

A. Mâle adulte.

4. CERCOPITHECUS Fuliginosus, CERCOPITHÈQUE
fuligineux.

Hab. La Guinée.

A. Mâle adulte.   *Don de M. Caffiéri-Chabé.*

5. MACACUS Inuus, le MACAQUE magot.

Hab. Afrique.

A. Mâle adulte.

6. CYNOCEPHALUS Gelada, CYNOCEPHALE Gé-
lada.

Hab. Afrique centrale.

A. Femelle adulte.

7. CEBUS CAPUCINUS, SAI ou CAPUCIN.

Hab. Amérique du Sud.

A. Mâle adulte.

13. JACCHUS Vulgaris, OUISTITI vulgaire.

Hab. le Brésil.

A. Mâle adulte.

14. CANIS Domesticus, CHIEN épagneul King-
Charles.

Hab. Europe.

A. Mâle adulte.
B. Femelle adulte.

Don de M. Louis de Monnecove.

15. VULPES Vulgaris, RENARD vulgaire.

Hab. Europe.

A. Mâle adulte.

16. MELES Vulgaris, BLAIREAU commun.

Hab. Europe.

A. Femelle adulte.

17. MARTES Foina, MARTE fouine.

Hab. Europe.

A. Mâle adulte.
B. Femelle adulte.

18. FŒTORIUS Putorius, PUTOIS fétide.
>Hab. Europe.

A. Mâle adulte.

19. MUSTELA Vulgaris, BELETTE vulgaire.
>Hab. Europe.

A. Mâle adulte.

20. MUSTELA Herminea, BELETTE hermine.
>Hab. Europe.

A. Adulte été.   *Don de M. Teissère.*
B. Adulte hiver.
c. Adulte hiver.

23. LUTRA Vulgaris, LOUTRE commune.
>Hab. Europe.

A. Adulte.
B. Adulte.

24. NASUA Socialis, COATI sociable.
>Hab. Pérou.

A. Femelle adulte.

25. ERINACEUS Europæus, HÉRISSON commun.
>Hab. Europe.

A. Adulte.   *Don de M. Delattre.*
B. Adulte.

26. TALPA Europæa, TAUPE d'Europe.
>Hab. Europe.

A. Adulte. Variété blanche.

27. SCIUROPTERUS Volucella, POLATOUCHE Assapan.
>Hab. Amérique S.

A. Adulte.

MARSUPIALIA

28. SCIURUS Vulgaris, ECUREUIL commun.
Hab. Europe.
A. Adulte.   *Don de M. Defrance.*
B. Adulte.

29. SCIURUS Maximus, ECUREUIL roi.
Hab. Continent Indien.
A. Mâle adulte.

30. ELIOMYS Nitela, LEROT commun.
Hab. Europe.
A. Adulte.
B. Adulte.

31. MUSCARDINUS Avellanarius, MUSCARDIN des Noisetiers.
Hab. Europe.
A. Adulte.

32. MUS Decumanus, RAT Surmulot.
Hab. Europe.
A. Femelle adulte. Variété blanche.

33. HYSTRIX Cristata, PORC-ÉPIC à crète.
Hab. Afrique.
A. Adulte.

34. CAVIA Porcellus, **COCHON** d'Inde domestique.
Hab. Europe.

A. Adulte.
B. Jeune.

TARDIGRADA

35. BRADYPUS Tridactylus, **BRADYPE** Aï.
Hab. le Brésil.

A. Adulte.

EFFODIENTIA

36. PRIODONTES Giganteus, **TATOU** géant.
Hab. le Brésil.

A. Adulte.

RUMINANTIA

37. CAPREOLUS Vulgaris, **CHEVREUIL** vulgaire.
Hab. Europe.

A. Femelle adulte.

38. CERNICAPRA ?   ANTILOPE ?
Hab. ?

A. Adulte.

39. GAZELLA Dorcas, GAZELLE Dorcas.

Hab. Afrique.

A. Mâle adulte.
B. Femelle adulte.

40. CAPRA Domestica, CHÈVRE domestique.

Hab. Europe.

A. Jeune.

41. OVIS Aries Domestica, MOUTON domestique.

Hab. Europe.

A. Jeune.
B. Jeune. Variété bicéphale.

PINNATA

42. PHOCA Groenladica, PHOQUE du Groënland.

Hab. l'Océan Glacial Arctique.

A. Adulte.

OISEAUX

CLASSÉS

d'après l'ouvrage de **GRAY**.

Iland list of genera and species of birds.

3 vol. in–8. London 1869.

OISEAUX

✦

ORDRE I. — ACCIPITRES

SOUS-ORDRE I. — ACCIPITRES DIURNI

8. GYPS [1] Fulvus (Gray), VAUTOUR fauve [2].
Hab. l'Europe et l'Afrique.
A. Mâle adulte de la Dalmatie.
B. Adulte.   *Don de M. Defrance.*

15. SARCORAMPHUS Papa (Dum.).
Hab. le Brésil, la Guyane, l'Amérique intertropicale.
A. Mâle adulte de la Nouvelle-Grenade.

16. CATHARTISTA Atrata (Wils.).
Hab. le Pérou.

A. Adulte.

[1] Les noms des sous-familles ne sont pas indiqués.
[2] Les noms français ne sont indiqués qu'aux oiseau
d'Europe.

— 18 —

21. NEOPHRON Percnopterus (Sav.), CATHARTE
Percnoptère.

Hab. l'Europe, l'Afrique et l'Asie.

A. Adulte.   *Don de M. Defrance.*

25. IBYCTER Americanus (Bodd.).

Hab. S. Amérique.

A. Mâle adulte de Guatemala.

35. POLYBORUS Tharus (Mol.).

Hab. le Brésil.

A. Mâle adulte Brésil.
B. Femelle adulte Brésil.

36. BUTEO Vulgaris (Beckst.), BUSE commune.

Hab. toute l'Europe.

A. Mâle adulte.
B. Femelle adulte.

43. BUTEO Augur (Rüpp.).

Hab. le Nord de l'Afrique.

A. Mâle adulte de l'Abyssinie.

44. BUTEO Jackal (Cuv.).

Hab. Afrique et Cap de Bonne-Espérance.

A. Femelle adulte du Cap de Bonne-Espérance.

54. BUTEO Pennyslyvanicus (Wils.).

Hab. l'Amérique du Nord.

A. Femelle adulte de l'Amérique Sept.

76. BUTEO Meridionalis (Lath.).

Hab. Brésil.

A. Mâle adulte de Rio La Plata.

81. ARCHIBUTEO Lagopus (Gray), BUSE pattue.
Hab. le Nord de l'Europe et l'Afrique.
A. Mâle adulte de la Thuringe.

87. AQUILA Chrysaëtos (Linn.), AIGLE doré.
Hab. Europe.
A. Mâle adulte.

87. AQUILA Fulvus (Linn.), AIGLE fauve.
Hab. Europe.
A. Mâle adulte.

89. AQUILA Nœvioides (Cuv.).
Hab. Afrique.
A. Femelle adulte de l'Abyssinie.

92. AQUILA Nœvia (Gm.), AIGLE tacheté.
Hab. Europe.
A. Jeune.

99. AQUILA Bonellii (Tem.), AIGLE Bonelli.
Hab. Sud de l'Europe.
A. Femelle adulte.

106. SPIZAËTUS Occipitalis.
Hab. Afrique.
A. Femelle adulte de l'Afrique.

119. CIRCAETUS Gallicus (Gm.), AIGLE Jean le Blanc.
Hab. C. S. de l'Europe.
A. Mâle adulte.

131. PANDION Haliaëtus (L.), AIGLE Balbuzard.
Hab. N. C. de l'Europe.
A. Jeune.   *Don de M. Armand.*

144. HALIAËTUS Albicilla (Linn.), AIGLE Pygargue.

Hab. Europe.

A. Jeune.
B. Jeune. *Don de M. Defrance.*

150. HALIAËTUS Vocifer (Daud.)

Hab. Afrique.

A. Mâle adulte de Nubie.
B. Mâle jeune de Nubie.
C. Jeune.

152. HALIAËTUS Melanoleucus (Vieil.).

Hab. Amérique S.

A. Mâle adulte de Bogota.

155. HALIASTUR Indus (Bodd.).

Hab. Inde.

A. Adulte de Pondichéry.

158. FALCO Candicans (Gm.), FAUCON blanc.

Hab. le Groënland.

A. Femelle adulte du Groënland.

159. FALCO Islandicus (Brun.), FAUCON d'Islande.

Hab. Islande.

A. Femelle jeune.

163. FALCO Peregrinus (Linn.), FAUCON commun.

Hab. Europe et Chine.

A. Mâle adulte. *Don de M. Defrance.*
B. Mâle jeune. *Don de M. Defrance.*
C. Femelle jeune. *Don de M. Defrance.*
D. Mâle jeune.

176. FALCO Saker (Schl.), **FAUCON** sacre.

Hab. E. et S.-E. de l'Europe.

A. Mâle adulte de Turquie.

180. HYPOTRIORCHIS Subbuteo (Linn.), **FAUCON** hobereau.

Hab. l'Europe et l'Asie.

A. Mâle adulte.
B. Femelle adulte.   *Don de M. Defrance.*
C. Femelle adulte.

192. HYPOTRIORCHIS Æsalon (Linn.), **FAUCON** Emérillon.

Hab. N. de l'Europe et la Chine.

A. Mâle adulte.   *Don de M. Delehaye.*
B. Mâle adulte.   *Don de M. Defrance.*
C. Femelle adulte.   *Don de M. Defrance.*
D. Mâle jeune.   *Don de M. A. Hermand.*
E. Femelle jeune.   *Don de M. Defrance.*

194. HYPOTRIORCHIS Femoralis (Tem.).

Hab. l'Amérique.

A. Adulte.

203. TINNUNCULUS Alaudarius (Gm.), **FAUCON** cresserelle.

Hab. l'Europe.

A. Mâle adulte.
B. Femelle adulte.   *Don de M. A. Legrand.*
C. Mâle jeune.

213. TINNUNCULUS Vespertinus (Linn.), **FAUCON** Kobez.

Hab. l'Europe.

A. Mâle adulte.
B. Femelle adulte.

216. **TINNUNCULUS** Sparverius (Linn.).
   Hab. l'Amérique du Nord.
A. Mâle adulte.
B. Jeune.

225. **HARPAGUS** Diodon (Tem.).
   Hab. le Brésil.
A. Adulte.

237. **PERNIS** Apivorus (Linn.), BUSE Bondrée.
   Hab. l'Europe.
A. Adulte.   *Don de M. Defrance.*

243. **MILVUS** Regalis (Bonap.), MILAN royal.
   Hab. l'Europe.
A. Mâle adulte.   *Don de M. Defrance.*

245. **MILVUS** Ater (Gm.), MILAN noir.
   Hab. l'Europe.
A. Mâle adulte tué près du Doubs.

247. **MILVUS** Parasiticus (Lath.), MILAN parasite.
   Hab. l'Europe et l'Afrique.
A. Femelle adulte de l'Egypte.

249. **NAUCLERUS** Furcatus (Linn.) ELANION martinet.
   Hab. N. et S. de l'Amérique.
A. Mâle adulte de la Nouvelle-Grenade.
B. Adulte du Brésil.

258. **ELANUS** Melanopterus (Daud.), ELANION Blac.
   Hab. l'Europe et l'Afrique.
A. Femelle adulte.

268. ASTUR Palumbarius (Linn.), AUTOUR vulgaire.

Hab. l'Europe.

A. Mâle adulte.   *Don de M. de Comte.*
B. Femelle adulte.   *Don de M. de Comte.*

276. ASTUR Novæ-Hollandiæ (Gm.)

Hab. l'Australie et la Nouvelle-Galle du Sud.

A. Mâle adulte de l'Australie.

286. ASTUR Magnirostris (Gm.).

Hab. Cayenne.

A. Mâle adulte.

299. ACCIPITER Nisus (Linn.), EPERVIER ordinaire.

Hab. l'Europe et l'Afrique.

A. Mâle adulte.
B. Femelle adulte.
C. Femelle adulte.   *Don de M. Defrance.*
D. Femelle jeune.   *Don de M. Defrance.*
E. Mâle jeune.

315. ACCIPITER Pileatus (Max.).

Hab. le Brésil et Cayenne.

A. Mâle adulte.

342. MICRONISUS Gabar (Daud.).

Hab. l'Afrique.

A. Mâle adulte.

356. CIRCUS Rufus (Gm.), BUSARD Harpaye.

Hab. l'Europe et l'Afrique.

A. Mâle adulte.   *Don de M. Defrance.*
B. Femelle jeune.

364. CIRCUS Cyaneus (Linn.), BUSARD St-Martin.
Hab. l'Europe.

A. Mâle adulte. *Don de M. Defrance.*
B. Femelle adulte. *Don de M. Defrance.*

369. CIRCUS Cineraceus (Mont.), BUSARD Montagu.
Hab. C. et S. de l'Europe.

A. Mâle adulte. *Don de M. Defrance.*
B. Mâle adulte.

370. CIRCUS Pallidus (Sykes), BUSARD pâle.
Hab. l'Europe et l'Afrique.

A. Mâle adulte.

374. POLYBOROIDES Radiatus (Scop.).
Hab. Madagascar.

A. Mâle adulte.

SOUS-ORDRE II. — ACCIPITRES NOCTURNI

377. NYCTEA Nivea (Daud.), CHOUETTE Harfang.
Hab. l'Europe et l'Amérique.

A. Mâle adulte.

378. ATHENE Noctua (Retz.), CHOUETTE chevèche.
Hab. l'Europe.

A. Mâle adulte. *Don de M. Defrance.*
B. Femelle adulte. • *Don de M. Delehaye.*

382. ATHENE Castanoptera (Horsf.).
Hab. Java.

A. Adulte.

427. ATHENE INFUSCATA (Tem.).
Hab. le Guatemala.

A. Adulte.

440. BUBO MAXIMUS (Sibb.), GRAND-DUC.
Hab. l'Europe.

A. Femelle adulte.

461. SCOPS ZORCA (Gm.), HIBOU Petit-Duc.
Hab. S. de l'Europe.

A. Mâle adulte.
B. Femelle adulte.   *Don de M. Defrance.*

500. SYRNIUM ALUCO (Linn.), CHOUETTE Hulotte.
Hab. N. de l'Europe.

A. Mâle adulte.   *Don de M. Defrance.*
B. Femelle adulte.   *Don de M. Defrance.*

503. SYRNIUM LAPPONICUM (Retz.), CHOUETTE Lappone.
Hab. N. de l'Europe.

A. Mâle adulte.

512. SYRNIUM URALENSE (Pall.), CHOUETTE de l'Oural.
Hab. l'Europe.

A. Mâle adulte.

539. OTUS VULGARIS (Flem.), HIBOU Moyen-Duc.
Hab. l'Europe et l'Inde.

A. Mâle adulte.   *Don de M. de Gommer.*

549. OTUS BRACHYOTUS (Linn.), HIBOU Brachyote.
Hab. l'Europe.

A. Femelle adulte.   *Don de M. Defrance.*

558. STRIX Flammea (Linn.), CHOUETTE Effraie.
Hab. l'Europe et l'Afrique.
A. Mâle adulte.
B. Femelle adulte.   *Don de M. Defrance.*
c. Adulte.
D. Jeune.

ORDRE II. — PASSERES

SOUS-ORDRE I. — FISSIROSTRES

612. CAPRIMULGUS Europæus (Linn.), ENGOULE-VENT ordinaire.
Hab. l'Europe.
A. Jeune.   *Don de M. Defrance.*
B. Jeune.

689. SCORTORNIS Trimaculatus (Sw.).
Hab. le Sud de l'Afrique.
A. Mâle adulte.

717. CYPSELUS Apus (Linn.), MARTINET noir.
Hab. l'Europe et l'Asie.
A. Adulte.

719. CYPSELUS Melba (Linn.), MARTINET à ventre blanc.
Hab. l'Europe et l'Asie.
A. Mâle adulte.

737. CYPSELUS Cayanensis (Gmel.).
>Hab. Cayenne et le Brésil.

A. Adulte du Brésil.

786. HIRUNDO Rustica (Linn.), HIRONDELLE de cheminée.
>Hab. l'Europe.

A. Mâle adulte.
B. Femelle adulte.

840. HIRUNDO Americana (Gm.).
>Hab. le Brésil.

A. Jeune.

864. HIRUNDO Riparia (Linn.), HIRONDELLE de rivage.
>Hab. l'Europe.

A. Jeune.   *Don de M. Defrance.*

880. HIRUNDO Urbica (Linn.), HIRONDELLE de fenêtre.
>Hab. l'Europe.

A. Femelle adulte.   *Don de M. Defrance.*

891. PROGNE Dominicensis (Gm.).
>Hab. le Brésil.

A. Adulte.

897. CORACIAS Garrula (Linn.), ROLLIER varié.
>Hab. l'Europe.

A. Mâle adulte.   *Don de M. Defrance.*
B. Femelle adulte.

904. CORACIAS Caudada (Linn.).
>Hab. l'Afrique.

A. Mâle adulte du Sénégal.

906. **EURYSTOMUS** Orientalis (Linn.).
Hab. l'Inde et la Chine.
A. Mâle adulte.

919. **EURYLAIMUS** Rubropygius (Hodgs.).
Hab. le Nepaul.
A. Mâle adulte.

929. **EURYLAIMUS** Subulatus (Gould).
Hab. Saint-Domingue.
A. Mâle adulte.

930. **MOMOTUS** Brasiliensis (Lath.).
Hab. l'Amérique.
A. Mâle adulte.
B. Mâle adulte.

941. **MOMOTUS** Cyanogaster (V.).
Hab. le Brésil.
A. Mâle adulte.

949. **TROGON** Curucui (Linn.).
Hab. Cayenne.
A. Mâle adulte.

957. **TROGON** Viridis (Linn.).
Hab. le Brésil.
A. Mâle adulte.
B. Femelle adulte.

968. **TROGON** Collaris.
Hab. la Colombie.
A. Mâle adulte.

996. HARPACTES Rutilus (V.).

Hab. Sumatra.

A. Mâle adulte de Sumatra.

1003. PHAROMACRUS Pavoninus (Spix).

Hab. le Brésil.

A. Mâle adulte du Mexique.

1004. PHAROMACRUS Auriceps (Gould).

Hab. la Nouvelle-Grenade.

A. Mâle adulte de l'Equateur.

1024. BUCCO Tamatia (Gm.).

Hab. la Guyane.

A. Adulte.

1033. MONASA Morphæa (Hahn).

Hab. le Brésil.

A. Mâle adulte du Brésil.

1040. MONASA Torquata (Hahn).

Hab. le Brésil.

A. Mâle adulte.

1057. CHELIDOPTERA Tenebrosa (Pall.).

Hab. le Brésil.

A. Mâle adulte.

I. DACELO

1081. HALCYON Senegalensis (Linn.).

Hab. l'Afrique.

A. Adulte du Sénégal.
B. Adulte.

1082. HALCYON Cinereifrons (V.).
  Hab. l'Afrique.
A. Adulte.   *Don de M. Mallet.*

1083. HALCYON Semicœrulea (Forsk).
  Hab. Sud de l'Afrique.
A. Adulte.

1091. HALCYON Variegata (V.).
  Hab. Natal.
A. Adulte.

1095. HALCYON Smyrnensis (Linn.).
  Hab. l'Asie-Mineure.
A. Adulte de la Cochinchine.

1103. HALCYON Capensis (Linn.).
  Hab. l'Inde.
A. Adulte.

1116. HALCYON Chloris (Bodd.).
  Hab. l'Inde et Malacca.
A. Adulte de Timor.

1151. ALCEDO Ispida (Linn.), MARTIN-PÉCHEUR
  ordinaire.
  Hab. l'Europe et l'Egypte.
A. Mâle adulte.

1152. ALCEDO Bengalensis.
  Hab. l'Inde et la Chine.
A. Adulte.
B. Adulte de Java.

1166. ALCEDO Cristata (Linn.).
  Hab. Sud de l'Afrique.
A. Adulte du Nil.

1181. CERYLE Varia (Strickl.).

Hab. l'Inde.

A. Adulte de Java.

1186. CERYLE Torquata (Linn.).

Hab. le Brésil et la Bolivie.

1187. CERYLE Alcyon (Linn.), MARTIN-PÊCHEUR Alcyon.

Hab. l'Amérique et l'Europe.

A. Mâle adulte de Cayenne.

1189. CERYLE Amazona (Lath.).

Hab. le Brésil et la Bolivie.

A. Jeune.

1190. CERYLE Americana (Gm.).

Hab. le Brésil et le Guatemala.

A. Mâle adulte.

1192. CERYLE Inda (Linn.).

Hab. le Brésil et C. de l'Amérique.

A. Adulte.

1201. MEROPS Apiaster (Linn.), GUÊPIER commun.

Hab. l'Europe.

A. Mâle adulte de la Crimée.

1208. MEROPS Daudini (Cuv.).

Hab. l'Inde.

A. Adulte.

1209. MEROPS Albicollis (Linn.).

Hab. l'Inde.

A. Adulte.

1210. **MEROPS** Viridis (Linn.).

Hab. l'Inde.

A. Adulte.   *Don de M. Mallet.*
B. Adulte.

1213. **MEROPS** Nubicus (Gm.).

Hab. le Sénégal.

A. Mâle adulte.

1222. **MELITHOPHAGUS** Pusillus (Müll.).

Hab. l'Afrique.

A. Adulte.   *Don de M. Mallet.*

1224. **MELITHOPHAGUS** Bullocki (V.).

Hab. Sud de l'Afrique.

A. Adulte du Sénégal.   *Don de M. Mallet.*

II. TENUIROS

1228. **GALBULA** Viridis (Lath.).

Hab. Cayenne et le Brésil.

A. Mâle adulte de Cayenne.
B. Jeune de Cayenne.

1234. **GALBULA** Albirostris (Lath.).

Hab. la Guyane et le Brésil.

A. Mâle adulte de la Guyane.

1240. **GALBULA** Paradisea (Linn.).

Hab. Cayenne.

A. Mâle adulte de Cayenne.

1250. UPUPA Epops (Linn.). HUPPE Puput.
Hab. l'Europe et l'Inde.

A. Mâle adulte.   *Don de M. Defrance.*
B. Mâle adulte.   *Don de M. Defrance.*

1259. IRRISOR Erythrorhynchos (Lath.).
Hab. l'Afrique.

A. Mâle adulte.

1306. NECTARINIA Senegalensis (Linn.).
Hab. l'Afrique.

A. Mâle adulte.
B. Jeune.

1324. NECTARINIA Hartlaubii (Verr.).
Hab. Angola.

A. Mâle adulte.

1332. NECTARINIA Pulchella (Linn.).
Hab. Sud de l'Afrique.

A. Mâle adulte.

1336. NECTARINIA Angladiana (Shav.).
Hab. Madagascar.

A. Mâle adulte.
B. Jeune.

1338. PROMEROPS Cafer (Linn.).
Hab. S. de l'Afrique.

A. Adulte.

1353. PROMEROPS Violacea (Linn.).
Hab. l'Afrique.

A. Mâle adulte.
B. Mâle adulte.

1446. CŒREBA Cyanea (Linn.).

Hab. Cayenne.

A. Mâle adulte du Brésil.
B. Mâle adulte.
C. Mâle adulte.

1455. DACNIS Cayana (Linn.).

Hab. Cayenne et le Brésil.

A. Mâle adulte.

1459. DACNIS Melanotis (Strickl.).

Hab. Cayenne.

A. Mâle adulte.

1497. CERTHIOLA Flaveola (Linn.).

Hab. l'Inde.

A. Mâle adulte des Antilles.

1511. PHAËTHORNIS Malaris (Licht.).

Hab. N. et S. de l'Amérique.

A. Mâle adulte du Chili.
Don de M. Louis Deschamps de Pas.

1552. OREOTROCHILUS Pichincha (Bourc.).

Hab. l'Equateur.

A. Mâle adulte. *Don de M. Ch. Deschamps de Pas.*

1560. POLYTMUS Obscurus (Gould).

Hab. le Fleuve Amazone.

A. Mâle adulte.

1565. POLYTMUS Rufus (Less.).

Hab. le Guatemala.

A. Mâle adulte.

1575. POLYTMUS Macrourus (Gm.).

Hab. Cayenne et le Brésil.

A. Mâle adulte.
B. Mâle adulte.

1576. POLYTMUS Mango (Linn.).

Hab. N. et S. de l'Amérique.

A. Mâle adulte.

1581. POLYTMUS Gramineus (Linn.).

Hab. la Trinité et Cayenne.

A. Femelle adulte du Chili.
Don de M. Louis Deschamps de Pas.

1582. POLYTMUS Aurulentus (V.).

Hab. Saint-Domingue.

A. Femelle adulte.

1590. POLYTMUS Hirsutus (Gm.).

Hab. le Brésil et la Trinité.

A. Mâle adulte du Chili.
Don de M. Louis Deschamps de Pas.

1605. POLYTMUS Iolatus (Gould).

Hab. l'Equateur et le Pérou.

A. Mâle adulte. *Don de M. Ch. Deschamps de Pas.*

1614. POLYTMUS Albicollis (V.).

Hab. le Brésil.

A. Mâle adulte.

1618. POLYTMUS Chionopectus (Gould).

Hab. N. et S. de l'Amérique.

A. Mâle adulte.

1622. POLYTMUS Brevirostris (Less.).

Hab. le Brésil.

A. Mâle adulte.

1649. POLYTMUS Holosericeus (Linn.).
Hab. la Martinique.
A. Mâle adulte.

1652. POLYTMUS Furcatus (Gm.).
Hab. Cayenne.
A. Mâle adulte.

1703. POLYTMUS Œnone (Less.).
Hab. la Nouvelle-Grenade.
A. Mâle adulte de l'Equateur.

1719. TOPAZA Pella (Linn.)
Hab. Cayenne.
A. Femelle adulte.
B. Mâle jeune.

1721. TOPAZA Mellivora (Linn.).
Hab. le Brésil et la Trinité.
A. Mâle adulte.
B. Femelle adulte.

1723. TOPAZA Fusca (V.).
Hab. le Brésil.
A. Mâle adulte.

1737. CALOTHORAX Fanny (Less.).
Hab. l'Equateur.
A. Mâle jeune de l'Equateur.

1740. CALOTHORAX Gayi (Bourc. et M.).
Hab. l'Equateur.
A. Mâle adulte.

1747. TROCHILUS Ensiferus (Boiss.).

Hab. la Colombie.

A. Mâle adulte. *Don de M. Ch. Deschamps de Pas.*
B. Femelle adulte.
Don de M. Louis Deschamps de Pas.

1747. TROCHILUS Xanthogenys (??)

Hab. la Guyane.

A. Mâle adulte du Chili.
Don de M. Louis Deschamps de Pas.

1755. TROCHILUS Leadbeateri (Bourc.).

Hab. la Nouvelle-Grenade.

A. Mâle adulte. *Don de M. Ch. Deschamps de Pas.*

1772. TROCHILUS Lutetiæ (Delatt.).

Hab. l'Equateur.

A. Mâle adulte. *Don de M. Ch. Deschamps de Pas.*

1777. TROCHILUS Aurora (Gould).

Hab. le Pérou.

A. Mâle adulte. *Don de M. Ch. Deschamps de Pas.*

1781. TROCHILUS Torquatus (Boiss.).

Hab. l'Equateur.

A. Mâle adulte.
B. Mâle adulte.

1792. TROCHILUS Strophianus (Gould).

Hab. l'Equateur.

A. Mâle adulte. *Don de M. Ch. Deschamps de Pas.*
B. Mâle adulte de l'Equateur.

1801. TROCHILUS Rubineus (Gm.).

Hab. le Brésil.

A. Mâle adulte.

1806. TROCHILUS Cupripennis (Gould).
Hab. la Nouvelle-Grenade.
A. Mâle adulte. *Don de M. Ch. Deschamps de Pas.*

1812. TROCHILUS Flavescens (Lodd.).
Hab. l'Equateur.
A. Mâle adulte de l'Equateur.

1815. TROCHILUS Microrhynchus (Boiss.).
Hab. l'Equateur.
A. Mâle adulte de l'Equateur.

1833. TROCHILUS Tyrianthinus (Lodd.).
Hab. la Nouvelle-Grenade.
A. Mâle adulte. *Don de M. Ch. Deschamps de Pas.*

1847. TROCHILUS Cyanurus (Steph.).
Hab. la Nouvelle-Grenade et l'Equateur.
A. Mâle adulte des environs de Quito.
B. Femelle adulte des environs de Quito.

1853. TROCHILUS Amaryllis (Bourc.).
Hab. la Nouvelle-Grenade.
A. Mâle adulte du Chili.
Don de M. Louis Deschamps de Pas.
B. Mâle jeune de l'Equateur.
C. Mâle jeune id.
D. Mâle jeune id.
E. Femelle adulte id.

1858. TROCHILUS Melanantherus (Jard.).
Hab. l'Amérique du Sud.
A. Mâle adulte des environs de Quito.

1883. TROCHILUS Duponti (Less.).
Hab. le Guatemala.
A. Mâle adulte. *Don de M. Ch. Deschamps de Pas.*

1898. TROCHILUS Galeritus **(Mol.).**

Hab. le Chili.

A. Mâle adulte.

1900. TROCHILUS Mosquitus **(Linn.).**

Hab. N. et S. de l'Amérique.

A. Jeune.

1918. HYLOCHARIS Portmanni **(Bourc.).**

Hab. la Nouvelle-Grenade.

A. Mâle adulte de l'Equateur.

Don de M. Louis Deschamps de Pas.

B. Mâle jeune de l'Equateur.

1945. HYLOCHARIS Gigas **(V.).**

Hab. S. de l'Amérique.

A. Mâle adulte.

1980. MYZOMELA Sanguinolenta **(Lath.).**

Hab. la Nouvelle-Galle du Sud.

A. Mâle adulte.

2058. PROSTHEMADERA Novæ Seelandiæ **(Gm.).**

Hab. la Nouvelle-Zélande.

A. Adulte.   *Don de M. Defrance.*

2177. FURNARIUS Figulus **(Licht.).**

Hab. le Brésil.

A. Adulte.

2384. DENDROCOLAPTES Albicollis **(V.).**

Hab. le Brésil et la Bolivie.

A. Adulte du Brésil.

2483. SITTA Europæa (Linn.), SITTELLE torche-
pot.
Hab. N. de l'Europe.
A. Mâle adulte.

2498. SITTA Frontalis (Horsf.).
Hab. Java et Sumatra
A. Adulte.

2512. CERTHIA Familiaris (Linn.), GRIMPEREAU
familier.
Hab. l'Europe.
A. Adulte.   *Don de M. Defrance.*

2520. TICHODROMA Muraria (Linn.), TICHODROME
Echelette.
Hab. l'Europe.
A. Mâle adulte.   *Don de M. Defrance.*

2529. MENURA Superba (Davies).
Hab. l'Australie.
A. Mâle adulte.

2562. TROGLODYTES Parvulus (Koch), TROGLO-
DYTE vulgaire.
Hab. l'Europe.
A. Mâle adulte.
B. Mâle adulte.

2568. TROGLODYTES Longirostris (V.).
Hab. le Brésil.
A. Adulte du Brésil.

2629. DONACOBIUS Cyaneus (Müll.).
Hab. Cayenne.
A. Mâle adulte.

III. DENTIROSTRES

2917. CALAMODYTA Turdoïdes (Meyer), BEC-FIN Rousserolle.

Hab. l'Europe.

A. Mâle adulte.
B. Adulte.

2940. CALAMODYTA Arundinacea (Gm.), BEC-FIN des roseaux.

Hab. l'Europe et l'Afrique.

A. Mâle adulte.

2954. CALAMODYTA Sericea (Natt.), BEC-FIN Bouscarle.

Hab. S. de l'Europe.

A. Mâle adulte.

2964. CALAMODYTA Phragmitis (Becks.), BEC-FIN Phragmite.

Hab. l'Europe.

A. Mâle adulte.   *Don de M. Defrance.*

2965. CALAMODYTA Aquatica (Lath.), BEC-FIN aquatique.

Hab. l'Europe.

A. Adulte.

3001. SYLVIA Melanocephala (Gm.), FAUVETTE Mélanocéphale.

Hab. S. de l'Europe.

A. Mâle adulte.   *Don de M. Defrance.*

3012. SYLVIA Cinerea (Bp.), FAUVETTE grisette.

Hab. l'Europe et l'Egypte.

A. Mâle adulte.
B. Mâle adulte.
C. Mâle adulte.

3013. SYLVIA Curruca (Lath.), FAUVETTE babillarde.

Hab. l'Europe et l'Egypte.

A. Mâle adulte.   *Don de M. Defrance.*

3016. SYLVIA Sylvicola (Lath.), POUILLOT siffleur.

Hab. l'Europe.

A. Mâle adulte.   *Don de M. Defrance.*
B. Mâle adulte.

3017. SYLVIA Atricapilla (Linn.), FAUVETTE à tête noire.

Hab. l'Europe et l'Afrique.

A. Mâle adulte.

3021. SYLVIA Orpheus (Tem.), FAUVETTE orphée.

Hab. S. de l'Europe et l'Egypte.

A. Mâle adulte.   *Don de M. Defrance.*

3025. SYLVIA Hortensis (Gm.), FAUVETTE des jardins.

Hab. l'Europe.

A. Mâle adulte.   *Don de M. Defrance.*

3033. SYLVIA Bonelli (V.), POUILLOT Bonelli.
Hab. l'Europe et l'Egypte.

A. Femelle adulte. *Don de M. Defrance.*

3042. SYLVIA Hypolais (Linn.), FAUVETTE à poitrine jaune.
Hab. l'Europe.

A. Mâle adulte.
B. Femelle adulte. *Don de M. Defrance.*

3100. REGULUS Cristatus (Koch), ROITELET huppé.
Hab. l'Europe.

A. Mâle adulte. *Don de M. Defrance.*
B. Femelle adulte. *Don de M. Defrance.*

3151. LUSCINIA Luscinia (Linn.), ROSSIGNOL ordinaire.
Hab. l'Europe et l'Egypte.

A. Mâle adulte. *Don de M. Defrance.*

3153. RUTICILLA Phœnicurus (Linn.), ROUGE-QUEUE de muraille.
Hab. l'Europe et l'Inde.

A. Mâle adulte. *Don de M. Defrance.*
B. Femelle adulte. *Don de M. Defrance.*

3154. RUTICILLA Tithys (Scop.), ROUGE-QUEUE Tithys.
Hab. l'Europe.

A. Mâle adulte. *Don de M. Defrance.*

3193. ERYTHACUS Rubecula (Linn.), ROUGE-GORGE ordinaire.
Hab. l'Europe.

A. Mâle adulte. *Don de M. Defrance.*
B. Mâle adulte.

3196. **CYANECULA** Suecica (Linn.), GORGE-BLEUE Suédoise.

Hab. C. de l'Europe et l'Afrique.

A. Mâle adulte.   *Don de M. Defrance.*

3202. **CYANECULA** Camtschatkensis (Gr.). CALLIOPE de Kamtschatka.

Hab. N. de l'Asie et la France.

A. Mâle adulte de Sibérie.

3205. **SAXICOLA** Œnanthe (Linn.), TRAQUET motteux.

Hab. l'Europe et la Palestine.

A. Mâle adulte.

3206. **SAXICOLA** Albicolis (V.), TRAQUET oreillard.

Hab. S. de l'Europe.

A. Mâle adulte.   *Don de M. Defrance.*
B. Mâle adulte.   *Don de M. Defrance.*

3250. **SAXICOLA** Leucura (Gm.), TRAQUET rieur.

Hab. S. de l'Europe.

A. Femelle adulte.   *Don de M. Defrance.*

3274. **PRATINCOLA** Rubicola (Linn.), TRAQUET rubicole.

Hab. l'Europe.

A. Mâle adulte.

3275. **PRATINCOLA** Rubetra (Linn.), TRAQUET Tarier.

Hab. l'Europe et l'Afrique.

A. Mâle adulte.
B. Femelle adulte.

3316. ACCENTOR ALPINUS (Gm.), ACCENTEUR Alpin.

Hab. S. de l'Europe.

A. Mâle adulte tué à St-Omer par M. Defrance.
Don de M. Defrance.

3324. ACCENTOR MODULARIS (Linn.), ACCENTEUR mouchet.

Hab. l'Europe.

A. Mâle adulte.   *Don de M. Defrance.*

3328. PARUS MAJOR (Linn.), MÉSANGE charbonnière.

Hab. l'Europe.

A. Mâle adulte.
B. Femelle adulte.

3329. PARUS ATER (Linn.), MÉSANGE noire.

Hab. l'Europe.

A. Mâle adulte.   *Don de M. Defrance.*

3348. PARUS PALUSTRIS (Linn.), MÉSANGE Nonnette.

Hab. l'Europe et la Sibérie.

A. Mâle adulte.

3366. PARUS CŒRULEUS (Linn.), MÉSANGE bleue.

Hab. l'Europe et l'Asie.

A. Mâle adulte.

3373. PARUS CRISTATUS (Linn.), MÉSANGE huppée.

Hab. l'Europe.

A. Mâle adulte.
B. Femelle adulte.   *Don de M. Defrance.*

3395. **PARUS** Caudatus (Linn.), MÉSANGE à longue queue.

Hab. l'Europe.

A. Adulte.

3428. **ÆGITHALUS** Biarmicus, MÉSANGE à moustache.

Hab. l'Europe.

A. Mâle adulte. *Don de M. Defrance.*
B. Mâle adulte.

3448. **MNIOTILTA** Americana (L.).

Hab. les Etats-Unis.

A. Mâle adulte.

3475. **MNIOTILTA** Æstiva (Gm.).

Hab. les Etats-Unis.

A. Adulte.

3504. **TRICHAS** Velata (V.).

Hab. S. de l'Amérique.

A. Mâle adulte.

3514. **SETOPHAGA** Ruticilla (Linn.).

Hab. le Nord de l'Amérique.

A. Mâle adulte.

3562. **MOTACILLA** Alba (Linn.), BERGERONNETTE grise.

Hab. S. de l'Europe et l'Afrique.

A. Mâle adulte, plumage d'été.
Don de M. Defrance.
B. Mâle adulte, plumage d'hiver.
Don de M. Defrance.

4. MOTACILLA Yarrelli (Gould.), BERGERON-
NETTE d'Yarrell.

Hab. l'Europe.

A. Mâle adulte, plumage d'été.
Don de M. Defrance.

B. Mâle adulte, plumage d'hiver.
Don de M. Defrance.

8. MOTACILLA Flava (Linn.), BERGERON-
NETTE printanière.

Hab. l'Europe et l'Afrique.

A. Mâle adulte, plumage d'été.
Don de M. Defrance.

B. Mâle adulte, plumage d'hiver.

90. MOTACILLA Flaveola (Gould.), BERGE-
RONNETTE Flavéole.

Hab. l'Europe.

A. Mâle adulte, plumage d'été.

4. ANTHUS Spinoletta (Linn.), PIPI Spioncelle.

Hab. l'Europe.

A. Mâle adulte.

40. ANTHUS Arboreus (Beckst.), PIPI des buis-
sons.

Hab. l'Europe.

A. Adulte. *Don de M. Defrance.*
B. Adulte. *Don de M. Defrance.*
B. Adulte.

45. ANTHUS Pratensis (Linn.), PIPI des prés.

Hab. l'Europe.

A. Mâle adulte.

3662. ANTHUS Croceus (V.).
>> Hab. le Sud de l'Afrique.

A. Femelle adulte.
B. Femelle adulte.

3667. TURDUS Viscivorus (Linn.), MERLE Drain
>> Hab. l'Europe.

A. Mâle adulte. *Don de M. Defranc*

3673. TURDUS Pilaris (Linn.), MERLE Litorne.
>> Hab. l'Europe.

A. Mâle adulte. *Don de M. Defranc*
B. Femelle adulte. *Don de M. Defranc*

3677. TURDUS Musicus (Linn.), MERLE Grive.
>> Hab. l'Europe et l'Afrique.

A. Mâle adulte. *Don de M. Defranc*

3678. TURDUS Iliacus (Linn.), MERLE Mauvis.
>> Hab. l'Europe.

A. Femelle adulte. *Don de M. Defranc*

3697. TURDUS Merula (Linn.), MERLE noir.
>> Hab. l'Europe et l'Egypte.

A. Mâle adulte. *Don de M. Defranc*

3720. TURDUS Torquatus (Linn.), MERLE à plastron.
>> Hab. l'Europe.

A. Mâle adulte. *Don de M. Defranc*
B. Mâle adulte. *Don de M. Defranc*
C. Femelle adulte.

3800. TURDUS Saxatilis (Linn.), MERLE de roche.
>> Hab. l'Europe et l'Afrique.

A. Mâle adulte. *Don de M. Defranc*
B. Mâle adulte.

— 49 —

TURDUS Cyanus (Linn.), MERLE bleu.
Hab. l'Europe et l'Afrique.
Mâle jeune.

MYIOPHONEUS Flavirostris (Horsf.).
Hab. Java et Sumatra.
Mâle adulte.

COPSYCHUS Saularis (Linn.).
Hab. l'Inde.
Mâle adulte.

COPSYCHUS Pica (V.).
Hab. Madagascar.
Adulte.

HYDROBATA Cinclus (Gm.), MERLE cincle.
Hab. l'Europe.
Femelle adulte.   *Don de M. Defrance.*

PYCNONOTUS Jocosus (Linn.).
Hab. la Chine.
Mâle adulte.

HYPSIPETES Virescens (Tem.).
Hab. Java.
Adulte.

PHYLLORNIS Cyanopogon (Tem.).
Hab. Sumatra.
Femelle adulte de la Cochinchine.

MALACOCIRCUS Acaciæ (Rüpp.).
Hab. la Nubie.
Adulte.

4207. DICRURUS Annectans (Hodgs.).

Hab. Malacca

A. Mâle adulte.

4276. ARTAMUS Albiventris (Gould).

Hab. N. de l'Australie.

A. Adulte de Java.

4299. ORIOLUS Galbula (Linn.), LORIOT vulgaire.

Hab. l'Europe et l'Afrique.

A. Mâle adulte.
B. Mâle adulte.
c. Femelle adulte.

4305. ORIOLUS Chinensis (Linn.).

Hab. la Chine.

A. Mâle adulte.
B. Femelle adulte.
c. Mâle jeune.

4319. ORIOLUS Melanocephalus (Linn.).

Hab. le Bengale.

A. Mâle adulte.

4367. PITTA Cyanea (Bl.).

Hab. les monts Himalaya.

A. Jeune.

4372. PITTA Elegans (Tem.).

Hab. Sumatra et Malacca.

A. Femelle adulte.

4465. FORNICARIUS Ferrugineus (Müll.).

Hab. Cayenne.

A. Adulte.

4476. PITHYS Albifrons (Gm.).
Hab. Cayenne et la Nouvelle-Grenade.
A. Mâle adulte de Cayenne.

4539. FORMICIVORA Rufa (Bodd.).
Hab. Cayenne
A. Mâle adulte.
B. Mâle adulte.

4582. THAMNOPHILUS Palliatus (Licht.).
Hab. le Brésil.
A. Mâle adulte.
B. Femelle adulte.

4590. THAMNOPHILUS Cinereus (V.).
Hab. le Brésil.
A. Mâle adulte.

4614. THAMNOPHILUS Cayanensis (Müll.).
Hab. Cayenne.
A. Mâle adulte.

4702. TIMALIA Thoracica (Tem.).
Hab. Java et Sumatra.
A. Mâle adulte.

4726. ÆGITHINA Zeylonica (Gm.).
Hab. l'Inde.
A. Adulte.

4821. MUSCICAPA Atricapilla (Linn.), GOBE-MOUCHE noir.
Hab. l'Europe.
A. Mâle adulte.   *Don de M. Defrance.*

4822. MUSCICAPA Collaris (Beckst.), GOBE-MOUCHE à collier.

Hab. l'Europe.

A. Femelle adulte.

5005. TCHITREA Melanogastra (Sw.).

Hab. l'Afrique.

A. Mâle adulte.
B. Femelle adulte.

5064. CAMPEPHAGA Melanops (Lath.).

Hab. l'Australie.

A. Mâle adulte de la Nouvelle-Hollande.

5104. CAMPEPHAGA Fimbriata (Tem.).

Hab. Java.

A. Femelle adulte.

5115. CAMPEPHAGA Leucomela (Vig.).

Hab. la Nouvelle-Galle du Sud.

A. Mâle adulte.

5138. ATTILA Cinereus (Gm.).

Hab. le Brésil.

A. Mâle adulte.

5204. FLUVICOLA Aterrima (Kaup.).

Hab. la Bolivie.

A. Mâle adulte.

5385. ELAINIA Rufiventris.

Hab. le Brésil.

A. Mâle adulte.
B. Femelle adulte.

5425. ELAINIA Derbianus (Kaup.).

Hab. le Mexique.

A. Mâle adulte.
B. Femelle adulte.

5480. PYROCEPHALUS Rubineus (Bodd.).

Hab. le Mexique.

A. Mâle adulte.

5541. TYRANNUS Carolinensis (Gm.).

Hab. les Etats-Unis.

A. Mâle adulte.
B. Mâle adulte.

5548. TYRANNUS Melancholicus (V.).

Hab. le Brésil.

A. Mâle adulte.

5561. MILVULUS Tyrannus (Linn.).

Hab. le Mexique, la Bolivie, etc.

A. Mâle adulte.
B. Mâle adulte.

5565. AMPELIS Garrulus (Linn.), **JASEUR** de Bohème.

Hab. l'Europe et l'Amérique.

A. Mâle adulte.   *Don de M. Defrance.*

5566 AMPELIS Cedrorum (V.).

Hab. l'Amérique.

A. Mâle adulte.

5584. TITYRA Cayana (Linn.).

Hab. Cayenne, la Bolivie, etc.

A. Mâle adulte de la Guyane.
B. Femelle adulte.

4

5616. COTINGA Cœrulea (V.).
Hab. Cayenne.
A. Mâle jeune.

5619. COTINGA Cayana (Linn.).
Hab. Cayenne.
A. Mâle jeune de Cayenne.

5623. COTINGA Pompadora (Linn.).
Hab. Cayenne.
A. Mâle adulte du Brésil.

5625. COTINGA Atropurpurea (Max.).
Hab. le Brésil.
A. Mâle adulte.

5639. AMPELION Melanocephala (Sw.).
Hab. le Brésil.
A. Mâle adulte.

5651. LIPANGUS Cineraceus (V.).
Hab. S. de l'Amérique.
A. Adulte.

5676. PYRODERUS Scutatus (Shaw.).
Hab. le Brésil.
A. Mâle adulte de Cayenne.
B. Mâle adulte de Cayenne.

5685. CASMARHYNCHUS Nudicollis (V.).
Hab. le Brésil.
A. Adulte.

5689. PIPRA Pareola (Linn.).
Hab. le Brésil.
A. Mâle adulte de Cayenne.
B. Mâle adulte.

5691. PIPRA Caudata (Shaw.).

Hab. le Brésil.

A. Mâle adulte.

5695. PIPRA Aureola (Linn.).

Hab. Cayenne.

A. Mâle adulte de Cayenne.
B. Mâle adulte de Cayenne.

5702. PIPRA Chrysoptera (Lagr.).

Hab. S. de l'Amérique.

A. Mâle adulte.

5707. PIPRA Regulus (Hahn).

Hab. le Brésil.

A. Mâle adulte du Brésil.
B. Jeune du Brésil.

5714. PIPRA Leucocilla (Linn.).

Hab. Cayenne et l'Amazone.

A. Mâle adulte.

5716 PIPRA Rubricapilla (Tem.).

Hab. le Brésil.

A. Mâle adulte.
B. Mâle adulte.

5717. PIPRA Erythocephala (Linn.).

Hab. Cayenne.

A. Mâle adulte de Cayenne.

5724. PIPRA Serena (Linn.).

Hab. Cayenne.

A. Mâle adulte de Cayenne.

5726. PIPRA Melanocephala **(Müll.).**

Hab. le Brésil.

A. Mâle adulte du Brésil.
B. Mâle adulte du Brésil.

5742. PHŒNICIRCUS Carnifex **(Linn.).**

Hab. Cayenne et la Nouvelle-Grenade.

A. Mâle adulte.
B. Mâle jeune de Cayenne.

5744. RUPICOLA Crocea **(V.).**

Hab. Cayenne.

A. Mâle adulte.

5746. RUPICOLA Sanguinolenta **(Gould).**

Hab. l'Equateur.

A. Mâle adulte de l'Equateur.

5808. CYCLARHIS Guianensis **(Gm.).**

Hab. la Guyane.

A. Mâle adulte.

5810. CYCLARHIS Flaviventris **(Lafr.).**

Hab. le Mexique.

A. Mâle adulte.

5865. PARDALOTUS Melanocephalus **(Gould).**

Hab. la Nouvelle-Galle du Sud.

A. Mâle adulte.

5927. COLLYRIO Excubitor **(Linn.), PIE-GRIÈCHE grise.**

Hab. l'Europe.

A. Mâle adulte.
B. Mâle adulte.

5942. COLLYRIO Collaris (Linn.).

Hab. l'Afrique.

A. Jeune.

5949. COLLYRIO Shach (Linn.).

Hab. la Chine.

A. Mâle adulte.

5955. COLLYRIO Nigriceps (Frankl.).

Hab. l'Inde.

A. Mâle adulte.

5965. ENNEOCTONUS Collurio (Linn.), PIE-GRIÈ-
CHE écorcheur.

Hab. l'Europe et l'Afrique.

A. Mâle adulte.   *Don de M. Defrance.*
B. Mâle adulte.
C. Femelle jeune.

5966. ENNEOCTONUS Minor (Gm.), PIE-GRIÈCHE
à poitrine rose.

Hab. l'Europe.

A. Mâle adulte.   *Don de M. Defrance.*

5978. LANIUS Rufus (Bp.), PIE-GRIÈCHE à tête
rousse.

Hab. l'Europe.

A. Mâle adulte.

6051. TELEPHORUS Cucullatus (Tem.), TSCHAGRA
à capuchon.

Hab. l'Europe.

A. Adulte.

PASSERES COMIROSTRES

6070. GARRULUS Glandarius (Linn.) GEAI vulgaire.

Hab. l'Europe et l'Asie.

A. Mâle adulte.
B. Femelle adulte.

6085. CYANURUS Cristatus (Linn.).

Hab. l'Amérique.

A. Mâle adulte.

6098. CYANURUS Armillatus (G.).

Hab. la Colombie.

A. Mâle adulte. *Don de M. Ch. Deschamps de Pas.*

6132. CISSA Thalassina (Tem.).

Hab. Java et Sumatra.

A. Mâle adulte de Java.

6145. TEMNURUS Leucopterus (Tem.).

Hab. Malacca.

A. Mâle adulte.
B. Mâle adulte.

6161. NUCIFRAGA Caryocatactes (Linn.), CASSE-NOIX vulgaire.

Hab. l'Europe.

A. Femelle jeune.

6167. PICA Caudata (Keys.), PIE vulgaire.
Hab. l'Europe.
A. Mâle adulte.   *Don de M. Defrance.*
B. Mâle adulte.

6176. PICA Cyana (Pall.).
Hab. l'Asie.
A. Mâle adulte.

6178. PICA Melanocephalos (Wagl.).
Hab. la Chine.
A. Mâle adulte.
B. Mâle adulte.

6181. CORVUS Corax (Linn.), CORBEAU noir.
Hab. l'Europe.
A. Mâle adulte.
B. Femelle adulte.   *Don de M. Defrance.*

6192. CORVUS Corone (Linn.), CORNEILLE noire.
Hab. l'Europe.
A. Mâle adulte.
B. Adulte atteint d'albinisme.
C. Adulte atteint d'albinisme.

6193. CORVUS Cornix (Linn.), CORNEILLE Mantelée.
Hab. l'Europe.
A. Mâle adulte.

6201. CORVUS Frugilegus (Linn.), CORBEAU Freux.
Hab. l'Europe.
A. Mâle adulte.   *Don de M. Defrance.*
A. Mâle adulte. Variété avec bec anormal.

6230. CORVUS Monedula (Linn.), CORBEAU-Choucas.

Hab. l'Europe.

A. Mâle adulte.
B. Mâle adulte.

6238. CORVUS Albicollis (Lath.).

Hab. l'Afrique.

A. Mâle adulte.

6243. PYRRHOCORAX Alpinus (V.), PYRRHOCORAX Chocard.

Hab. l'Europe.

A. Mâle adulte.   *Don de M. Defrance.*

6245. CORACIA Graculus (Linn.), CRAVE à bec rouge.

Hab. l'Europe.

A. Mâle adulte.   *Don de M. Defrance.*
B. Mâle adulte de Belle-Ile-en-mer.
            Don de M. Joseph Deschamps de Pas.

6247. PARADISEA Apoda (Linn.).

Hab. la Nouvelle-Guinée.

A. Mâle adulte de la Nouvelle-Guinée.

6257. MANUCODIA Viridis (Linn.).

Hab. la Nouvelle-Guinée.

A. Mâle adulte.

6264. EULABES Religiosa (Linn.).

Hab. l'Inde.

A. Adulte.

6280. PASTOR Roseus (Linn.), MARTIN Roselin.
Hab. l'Europe.
A. Mâle adulte.   *Don de M. Defrance.*

6292. TEMENUCHUS Pagodarum (Gm.).
Hab. l'Inde.
A. Mâle adulte de Java.

6293. TEMENUCHUS Malabaricus (Gm.).
Hab. l'Inde.
A. Mâle adulte de Malabar.

6306. STURNUS Vulgaris (Linn.), ÉTOURNEAU vulgaire.
Hab. l'Europe et l'Asie.
A. Mâle adulte.   *Don de M. Defrance.*
B. Mâle adulte.
C. Femelle adulte.   *Don de M. Defrance.*

6307. STURNUS Unicolor (La Marm.), ÉTOURNEAU unicolore.
Hab. l'Europe.
A. Mâle adulte.

6316. CREADION Carunculatus (Forst.)
Hab. la Nouvelle-Zélande.
A. Adulte.

6320. BUPHAGA Erythrorhynchus (Stanl.).
Hab. l'Afrique.
A. Mâle adulte du Nil.

6329. JUIDA Splendida (V.).
Hab. le Sénégal.
A. Mâle adulte.
B. Jeune.

6376. CALORNIS Metallica (Tem.).
Hab. la Nouvelle-Guinée.
A. Mâle adulte.

6399. CACICUS Citrius (Müll.).
Hab. Cayenne.
A. Jeune.

6418. CACICUS Persicus (Linn.).
Hab. le Brésil et le Pérou.
A. Mâle adulte. *Don de M. Ch. Deschamps de Pas.*

6419. CACICUS Hæmorrhous (Linn.).
Hab. le Brésil.
A. Mâle adulte.

6423. CACICUS Vitellinus (Lawr.).
Hab. Cayenne.
A. Mâle adulte.

6428. ICTERUS Jamacaii (Gm.).
Hab le Chili.
A. Mâle adulte.

6438. ICTERUS Auratus (Bp.).
Hab. le Mexique.
A. Mâle adulte.

6444. ICTERUS Mexicanus (Linn.).
Hab. le Brésil.
A. Mâle adulte.

6483. LEISTES Militaris (Linn).
Hab. le Pérou.
A. Mâle adulte.
B. Jeune.

6487. LEISTES Virescens (V.).
Hab. S. du Brésil.

A. Mâle adulte.

6490. XANTHOSOMUS Icterocephalus (L.).
Hab. Cayenne.

A. Mâle adulte.
B. Femelle adulte.

6502. DOLICHONYX Oryzivora (L.).
Hab. le Nord de l'Amérique.

A. Mâle adulte.

6505. DOLICHONYX Frontalis (V.).
Hab. Cayenne.

A. Mâle adulte.

6512. MOLOTHRUS Bonariensis (Gm.).
Hab. le Brésil.

A. Mâle adulte.
B. Jeune.

6521. QUISCALUS Purpureus (Bartr.).
Hab. Cayenne.

A. Mâle adulte.

6541. SCOLECOPHAGUS Ferrugineus (Gm.).
Hab. les Etats-Unis.

A. Mâle adulte.

6550. CASSIDIX Atroviolaceus (Osb.).
Hab. Cuba.

A. Mâle adulte.

6557. HYPHANTORNIS Cucullata (Müll.).

Hab. l'Afrique.

A. Mâle adulte.

6618. PLOCEUS Sanguinirostris (Linn.).

Hab. le Sud de l'Afrique.

A. Mâle adulte.   *Don de M. Defrance.*
B. Femelle adulte.   *Don de M. Defrance.*

6620. PLOCEUS Madagascariensis (Linn.).

Hab. Madagascar.

A. Mâle adulte.
B. Femelle adulte.

6664. VIDUA Paradisea (Linn.).

Hab. le C. de l'Afrique.

A. Mâle adulte. Plumage d'été.
B. Mâle adulte. Plumage d'été.
C. Mâle adulte. Plumage d'hiver.

6671. VIDUA Moineau (Müll.).

Hab. le S. de l'Afrique.

A. Mâle adulte.

6675. VIDUA Progne (Bodd.).

Hab. le S. de l'Afrique.

A. Mâle adulte. Plumage d'été.

6685. ESTRILDA Astrid (Linn.).

Hab. l'Afrique.

A. Mâle adulte.

6718. ESTRILDA Cœrulescens (V.).

Hab. l'Afrique.

A. Mâle adulte.
B. Femelle adulte.

6741. AMADINA Fasciata (Gm.).

Hab. l'Afrique.

A. Mâle adulte du Sénégal.
B. Femelle adulte du Sénégal.

6776. AMADINA Oryzivora (Linn.).

Hab. l'Afrique.

A. Mâle adulte.   *Don de M. Defrance.*
B. Mâle adulte.
C. Mâle adulte.

6809. AMADINA Chalybeata (Müll.).

Hab. l'Afrique.

A. Mâle adulte.

6817. TANAGRA Jacapa (Linn.).

Hab. la Guyane Anglaise.

A. Mâle adulte.

6825. TANAGRA Brasilia (Linn.).

Hab. le Brésil.

A. Mâle adulte du Brésil.
B. Jeune du Brésil.

6858. THRAUPIS Cyanoptera (V.).

Hab. le Brésil.

A. Mâle adulte du Brésil.
B. Mâle adulte.

6859. THRAUPIS Ornata (Sparrm.).

Hab. le Brésil.

A. Mâle adulte.

6863. THRAUPIS Striata (Gm.).

Hab. le Brésil.

A. Mâle adulte de l'Equateur.

6875. THRAUPIS Chloronota (Sclat.).
Hab. l'Equateur.
A. Mâle adulte.

6883. TACHYPHONUS Melaleucus (Sparrm.).
Hab. le Brésil.
A. Mâle adulte.

6886. TACHYPHONUS Surinamus (Linn.).
Hab. Cayenne et la Guyane.
A. Mâle adulte.

6887. TACHYPHONUS Cristatus (Gm.).
Hab. Cayenne et la Guyane.
A. Mâle adulte du Brésil.
B. Mâle adulte du Brésil.

6900. TACHYPHONUS Victorini (Lafr.).
Hab. la Nouvelle-Grenade.
A. Mâle adulte. *Don de M. Ch. Deschamps de Pas.*

6910. TACHYPHONUS Spodocephalus (Bp.).
Hab. S. de l'Amérique.
A. Mâle adulte.

6920. TACHYPHONUS Igniventris (Lafr.).
Hab. la Bolivie.
A. Mâle adulte. *Don de M. Ch. Deschamps de Pas.*

6927. TANGARA Tatao (Linn.).
Hab. la Guyane et le Brésil.
A. Mâle adulte.
B. Femelle adulte.

6932. TANGARA Cyanoventris (V.).
Hab. le Brésil.
A. Mâle adulte.

6937. TANGARA Florida (Sclat.).
Hab. Costa-Rica.
A. Femelle adulte.

6939. TANGARA Guttata (Cab.).
Hab. l'Amérique.
A. Mâle adulte.

6941. TANGARA Graminea (Spix).
Hab. Cayenne.
A. Mâle adulte.

6947. TANGARA Pulchra (Tsch.).
Hab. le Pérou.
A. Mâle adulte.

6949. TANGARA Vitriolina (Cab.).
Hab. la Nouvelle-Grenade.
A. Mâle adulte de l'Equateur.

6957. TANGARA Gyroloides (Lafr.).
Hab. la Bolivie et l'Equateur.
A. Mâle adulte.
B. Femelle adulte.

6959. TANGARA Gyrola (Linn.).
Hab. Cayenne.
A. Mâle adulte.
B. Femelle adulte.

6961. TANGARA Brasiliensis (Linn.).
Hab. le Brésil.
A. Mâle adulte.

6964. TANGARA Mexicana (Linn.).
Hab. Cayenne et la Bolivie.
A. Mâle adulte.

6993. NEMOSIA Flavicollis (V.).
Hab. le Brésil.
A. Mâle adulte.

6996. NEMOSIA Ruficapilla (V.).
Hab. le Brésil.
A. Mâle adulte.
B. Mâle adulte.

7005. TANAGRELLA Velia (Linn.).
Hab. Cayenne
A. Mâle adulte.

7115. PITYLUS Brasiliensis (Cab.).
Hab. le Brésil.
A. Mâle adulte.

7118. PROCNIAS Tersa (Linn.).
Hab. le Brésil.
A. Mâle adulte.
B. Femelle adulte.

7126. EUPHONIA Chlorotica (Linn.).
Hab. le Pérou.
A. Mâle adulte. *Don de M. Ch. Deschamps de Pas.*

7144. EUPHONIA Violacea (Linn.).
Hab. l'Amérique.
A. Mâle adulte.

7152. EUPHONIA Rufiventris (V.).
Hab. le Pérou et le Brésil.
A. Mâle adulte.

7166. FRINGILLA Cœlebs (Linn.), PINSON ordinaire.

Hab. l'Europe.

A. Mâle adulte.   *Don de M. Defrance.*

7168. FRINGILLA Montifringilla (Linn.), PINSON
des Ardennes.

Hab. l'Europe.

A. Mâle adulte.
B. Femelle adulte.

7171. FRINGILLA Carduelis (Linn.), CHARDON-
NERET ordinaire.

Hab. l'Europe.

A. Mâle adulte.
B. Mâle adulte.

7177. FRINGILLA Spinus (Linn.), TARIN ordinaire.

Hab. l'Europe.

A. Mâle adulte.
B. Femelle adulte.

7207. FRINGILLA Canaria (Linn.).

Hab. Madère et Canarie

A. Mâle adulte.
B. Femelle adulte.

7219. FRINGILLA Chloris (Linn.), VERDIER ordinaire.

Hab. l'Europe.

A. Mâle adulte.
B. Mâle adulte.

7251. FRINGILLA Nivalis (Linn.), PINSON nive-
rolle.

Hab. l'Europe.

A. Mâle adulte.   *Don de M. Defrance.*

7257. **PASSER** Domesticus (Linn.), MOINEAU domestique.

Hab. l'Europe et l'Afrique.

A. Mâle adulte.
B. Mâle adulte.

7258. **PASSER** Montanus (Linn.), MOINEAU friquet.

Hab. l'Europe.

A. Mâle adulte.

7286. **COCCOTHRAUSTES** Vulgaris (Pall.), GROS-BEC ordinaire.

Hab. l'Europe.

A. Mâle adulte.   *Don de M. Defrance.*
B. Mâle adulte.

7354. **PIPILO** Erythrophthalmus (V.).

Hab. l'Amérique du Nord.

A. Mâle adulte.

7379. **ZONOTRICHIA** Pileata (Bodd.).

Hab. le Brésil.

A. Mâle adulte.

7447. **PASSERINA** Ruficapilla (Gm.).

Hab. la Bolivie.

A. Mâle adulte.

7477. **PYRRHULA** Rubicilla (Pall.), BOUVREUIL ordinaire.

A. Mâle adulte.   *Don de M. Defrance.*
B. Mâle adulte.
C. Femelle adulte.

7536. GONIAPHEA Cyanea (Linn.).

Hab. le Brésil.

A. Mâle adulte.

7552. GONIAPHEA Torrida (Gm.).

Hab. le Brésil.

A. Mâle adulte.

7632. LOXIA Curvirostra (Linn.), BEC-CROISÉ des Pins.

Hab. l'Europe.

A. Mâle adulte.
B. Femelle adulte.

7645. LINARIA Cannabina (Linn.), LINOTTE ordinaire.

Hab. l'Europe et l'Egypte.

A. Mâle adulte.   *Don de M. Defrance.*
B. Femelle adulte.   *Don de M. Defrance.*

7646. LINARIA Flavirostris (Linn.), LINOTTE à bec jaune.

Hab. l'Europe.

A. Mâle adulte.   *Don de M. Defrance.*

7649. LINARIA Linaria (Linn.), SIZERIN boréal.

Hab. l'Europe.

A. Mâle adulte.
B. Femelle adulte.

7683. CITRINELLA Citrinella (Linn.), BRUANT jaune.

Hab. l'Europe.

A. Mâle adulte.

7684. CITRINELLA Cirlus (Linn.), BRUANT Zizi.

Hab. l'Europe et l'Afrique.

A. Mâle adulte.

7687. CITRINELLA Hortulana Linn.), BRUANT Ortolau.

Hab. l'Europe.

A. Mâle adulte.   *Don de M. Defrance.*

7697. CITRINELLA Miliaria (Linn.), BRUANT Proyer.

Hab. l'Europe.

A. Mâle adulte.

B. Jeune.   *Don de M. Defrance.*

7698. CITRINELLA Cia (Linn.), BRUANT fou.

Hab. S. de l'Europe.

A. Mâle adulte.   *Don de M. Defrance.*

7708. CITRINELLA Schœnicla (Linn.), BRUANT des roseaux.

Hab. l'Europe.

A. Mâle adulte.   *Don de M. Defrance.*

B. Femelle adulte.

7727. EMBERIZA Nivalis (Linn.), BRUANT de neige.

Hab. N. de l'Europe.

A. Mâle adulte.   *Don de M. Defrance.*

B. Femelle adulte.   *Don de M. Defrance.*

7734. OTOCORIS Alpestris (Linn.), ALOUETTE Alpestre.

Hab. N. de l'Europe.

A. Mâle adulte.

7744. ALAUDA Arvensis (Linn.), ALOUETTE des champs.

Hab. l'Europe et l'Afrique.

A. Mâle adulte.
B. Adulte atteint d'albinisme.

7760. ALAUDA Arborea (Linn.), ALOUETTE Lulu.

Hab. l'Europe.

A. Mâle adulte. *Don de M. Defrance.*

7762. ALAUDA Cristata (Linn.), ALOUETTE Cochevis.

A. Mâle adulte. *Don de M. Defrance.*

7775. ALAUDA Calandrella (Bonelli), ALOUETTE Calandrelle.

Hab. l'Europe.

A. Mâle adulte. *Don de M. Defrance.*

7780. MELANOCORYPHA Calandra (Linn.), ALOUETTE Calandre.

Hab. l'Europe.

A. Mâle adulte. *Don de M. Defrance.*

7797. MIRAFRA Assamica (M. Clell.).

Hab. l'Inde.

A. Mâle adulte de Cayenne.

7850. TURACUS Musophagus (Dubois).

Hab. Sud de l'Afrique.

A. Mâle adulte du Cap.
B. Mâle adulte du Cap.

7860. TURACUS Africana (Lath.).

Hab. Sud de l'Afrique.

A. Mâle adulte du Sénégal.

7866. BUCEROS Rhinoceros (Linn.).

Hab. Sumatra.

A. Mâle adulte.

7899. BUCEROS Limbatus (Rüpp.).

Hab. l'Abyssinie.

A. Mâle adulte.

SCANSORES

7925. RAMPHASTOS Tocard (V.).

Hab. S. de l'Amérique.

A. Mâle adulte.

7926. RAMPHASTOS Ambiguus (Sw.).

Hab. la Nouvelle-Grenade.

A. Mâle adulte.

B. Mâle adulte.

7929. RAMPHASTOS Tucanus (Linn.).

Hab. la Guyane.

A. Mâle adulte de la Guyane.

7936. RAMPHASTOS Vitellinus (Ill.).

Hab. Cayenne et la Guyane.

A. Mâle adulte.

7937. RAMPHASTOS Dicolorus (Linn.),

Hab. le Brésil.

A. Mâle adulte.   *Don de M. Defrance.*

B. Mâle adulte.

7938. PTEROGLOSSUS Aracari (Linn.).
Hab. Cayenne.
A. Mâle adulte de Cayenne.
7957. PTEROGLOSSUS Maculirostris (Tem.).
Hab. le Brésil.
A. Mâle adulte.
7960. PTEROGLOSSUS Reinwardtii (Wagl.).
Hab. le Pérou.
A. Femelle adulte du Brésil.
7961. PTEROGLOSSUS Nattereri (Gould).
Hab. la Guyane.
A. Mâle adulte de la Guyane.
7964. PTEROGLOSSUS Viridis (Linn.).
Hab. la Guyane.
A. Mâle adulte.
B. Femelle adulte.

7983. PLATYCERCUS Pennantii (Lath.).
Hab. la Nouvelle-Galle du Sud.
A. Mâle adulte de l'Australie.
7985. PLATYCERCUS Flaviventris (Tem.).
Hab. l'Australie.
A. Mâle adulte.
7990. PLATYCERCUS Eximius (Shaw.).
Hab. l'Australie.
A. Mâle adulte de Port-Jackson.
8001. PLATYCERCUS Barnardi (Vig.).
Hab. l'Australie.
A. Mâle adulte de la Nouvelle-Hollande.

8008. **PLATYCERCUS** Erythropterus (Gm.).
Hab. la Nouvelle-Galle du Sud.
A. Femelle adulte.

8011. **PLATYCERCUS** Cyanopygius (V.).
Hab. la Nouvelle-Galle du Sud.
A. Femelle adulte.

8033. **MELOPSITTACUS** Undulatus (Shaw.).
Hab. l'Australie.
A. Mâle adulte.
B. Femelle adulte.

8042. **PEZOPORUS** Formosus (Lath.).
Hab. l'Australie.
A. Adulte.

8061. **PALÆORNIS** Cyanocephalus (Linn.).
Hab. l'Inde.
A. Mâle adulte de la Nouvelle-Galle du Sud.

8064. **PALÆORNIS** Luciani (Verr.).
Hab. ?
A. Mâle adulte.

8068. **PALÆORNIS** Javanicus (Osb.).
Hab. Java.
A. Mâle adulte dŭ Sénégal.
B. Jeune.

8075. **ARA** Ararauna (Linn.)..
Hab. la Guyane et le Brésil.
A. Mâle adulte.

8079. ARA Maracana (V.).

Hab. le Brésil.

A. Mâle adulte.
B. Femelle adulte.

8083. ARA Tricolor (Beckst.).

Hab. l'Inde.

A. Mâle adulte.

8099. CONURUS Euops (Wagl.).

Hab. Cuba.

A. Mâle adulte.

8105. CONURUS Patagonus (V.).

Hab. le Chili.

A. Mâle adulte du Chili.

8108. CONURUS Carolinensis (L.).

Hab. N. de l'Amérique.

A. Mâle adulte.   *Don de M. Defrance.*

8110. CONURUS Jandaya (Gm.).

Hab. le Brésil.

A. Mâle adulte.

8123. CONURUS Aureus (Gm.).

Hab. le Brésil.

A. Mâle adulte.

8124. CONURUS Cruentatus (Max.).

Hab. le Brésil.

A. Mâle adulte.

8129. CONURUS Leucotis (Licht.).

Hab. le Brésil.

A. Mâle adulte.
B. Femelle adulte.

8145. CONURUS Monachus (Bodd.).

Hab. Monte-Video.

Mâle adulte.

8160. CONURUS Jugularis (Müll.).

Hab. Panama.

A. Adulte.

8167. CORIPHILUS Taitianus (Gm.).

Hab. l'Otaïti.

A. Mâle adulte d'Otaïti.

8171. LORICULUS Pusillus (G.).

Hab. Java.

A. Mâle adulte de l'Australie.

8175. LORICULUS Melanopterus (Scop.).

Hab. l'île de Mendanao.

A. Adulte.

8195. LORIUS Kuhlii (Vig.).

Hab. les îles de la Société.

A. Mâle adulte des îles de la Société.

8207. EOS Squamatus (Bodd.).

Hab. les Moluques.

A. Mâle adulte.

8211. TRICHOGLOSSUS Novæ-Hollandiæ (Gm.).

Hab. l'Australie.

A. Mâle adulte de la Nouvelle-Hollande.

8213. TRICHOGLOSSUS Cyanogrammus (Wagl.).

Hab. la Nouvelle-Guinée.

A. Mâle adulte de la Nouvelle-Hollande.

8216. TRICHOGLOSSUS Ornatus (Linn.).
Hab. les Moluques.
A. Mâle adulte.

8226. TRICHOGLOSSUS Concinnus (Shaw.).
Hab. l'Australie.
A. Mâle adulte.

8236. TRICHOGLOSSUS Pulchellus (G.).
Hab. la Nouvelle-Guinée.
A. Mâle adulte de la Nouvelle-Zélande.

8243. TRICHOGLOSSUS Polychlorus (Scop.).
Hab. la Nouvelle-Guinée.
A. Mâle adulte.

8268. PSITTACUS Erythacus (Linn.).
Hab. S. de l'Afrique.
A. Mâle adulte.   *Don de Mlle Frezet.*
B. Femelle adulte.

8280. PSITTACUS Senegalus (Linn.).
Hab. Sud de l'Afrique.
A. Mâle adulte.

8282. PSITTACUS Robustus (Gm.).
Hab. Sud de l'Afrique.
A. Mâle adulte.

8290. PSITTACUS Melanocephalus (Linn.).
Hab. le Brésil.

8294. PSITTACUS Barrabandi (Kuhl.).
Hab. la Guyane.
A. Mâle adulte.

8307. **PSITTACUS** Chalcopterus (Fras.).
Hab. l'Amérique du Sud.
A. Mâle adulte.

8309. **PSITTACUS** Accipitrinus (Linn.).
Hab. la Guyane Anglaise.
A. Mâle adulte de Cayenne.

8312. **CHRYSOTIS** Amazonica (Linn.).
Hab. le Brésil et la Trinité.
A. Mâle adulte du Brésil.
B. Mâle adulte du Brésil.

8314. **CHRYSOTIS** Ochrocephala (Gm).
Hab. la Trinité et la Guyane.
A. Mâle adulte.

8318. **CHRYSOTIS** Levaillantii (G.).
Hab. le Mexique.
A. Mâle adulte.
B. Mâle adulte.

8324. **CHRYSOTIS** Autumnalis (L.).
Hab. le Guatemala.
A. Mâle adulte.

8326. **CHRYSOTIS** Diadema (Spix).
Hab. le Brésil.
A. Mâle adulte.

8330. **CHRYSOTIS** Leucocephalus (Linn.).
Hab. Cuba.
A. Mâle adulte.

8336. **CHRYSOTIS** Vittata (Bodd.).
Hab. Porto-Rico.
A. Mâle adulte. Variété Tapirée.

8348. CHRYSOTIS Cyanogaster (V.).
Hab. le Brésil.

A. Mâle adulte.

8364. PSITTACULA Surda (Ill.).
Hab. la Nouvelle-Grenade.

A. Mâle adulte.

8366. PSITTACULA Pullaria (Linn.).
Hab. l'Amérique et l'Afrique.

A. Mâle adulte du Chili.   *Don de M. J. Fouan.*
B. Femelle adulte du Chili. *Don de M. J. Fouan.*

8380. PSITTACULA Incerta.
Hab. Malacca.

A. Mâle adulte.   *Don de M. Defrance.*
B. Femelle adulte.

8383. CALOPSITTA Novæ-Hollandiæ (Gm.).
Hab. l'Australie.

A. Mâle adulte de la Nouvelle-Galle du Sud.

8385. CACATUA Molluccensis (Gm.).
Hab. les Moluques.

A. Mâle adulte.

8386. CACATUA Albus (Müll.).
Hab. les Moluques.

A. Mâle adulte.

8401. CACATUA Roseicapilla (V.).
Hab. l'Australie.

A. Mâle adulte de la Nouvelle-Hollande.

8405. CALYPTORHYNCHUS Banksii (Lath.).
Hab. la Nouvelle-Galle du Sud.
A. Mâle adulte de l'Australie.

8408. CALYPTORHYNCHUS Solandri (Tem.).
Hab. l'Australie.
A. Mâle adulte.

8410. CALYPTORHYNCHUS Funereus (Shaw).
Hab. la Nouvelle-Galle du Sud.
A. Mâle adulte de la Nouvelle-Hollande.

8412. CALYPTORHYNCHUS Galeatus (Lath.).
Hab. l'Australie.
A. Mâle adulte de la Nouvelle-Galle du Sud.

8418. POGONORHYNCHUS Dubius (Gm.).
Hab. l'Afrique.
A. Mâle adulte de Barbarie.

8423. POGONORHYNCHUS Abyssinicus (Lath.).
Hab. l'Abyssinie.
A. Mâle adulte du Nil.

8434. MEGALAIMA Javensis (Horsf.).
Hab. Java.
A. Mâle adulte de Java.

8436. MEGALAIMA Mystacophanos (Tem.).
Hab. Java et Sumatra.
A. Mâle adulte.

8446. MEGALAIMA Rubricapilla (Gm.).
Hab. Ceylan.
A. Mâle adulte.

8490. CAPITO Erythrocephalus (Bodd.).
Hab. l'Amérique.
A. Mâle adulte de Java.

8506. PICUMNUS Minutissimus (Gm.).
Hab. Cayenne.
A. Mâle adulte de Cayenne.

8541. PICUS Major (Linn.), PIC épeiche.
Hab. l'Europe.
A. Mâle adulte.
B. Mâle adulte.

8552. PICUS Leuconotus (Beckst.), PIC leuconote.
Hab. l'Europe.
A. Femelle adulte.

8558. PICUS Minor (Linn.), PIC épeichette.
Hab. l'Europe.
A. Mâle adulte.   *Don de M. Defrance.*
B. Mâle adulte.

8634. DRYOCOPUS Martius (Linn.), PIC noir.
Hab. l'Europe.
A. Mâle adulte.
B. Femelle adulte.

8640. DRYOCOPUS Galeatus (Natt.).
Hab. le Brésil.
A. Mâle adulte.

8642. DRYOCOPUS Fuscipennis (Sclat.).
Hab. l'Equateur.
A. Mâle adulte.

8649. DENDROPICUS Cardinalis (Gm.).

Hab. Sud de l'Afrique.

A. Mâle adulte. *Don de M. Defrance.*
B. Femelle adulte. *Don de M. Defrance.*

8656. DENDROPICUS Minutus (Tem.).

Hab. l'Afrique.

A. Mâle adulte du Sénégal. *Don de M. Defrance.*

8671. GECINUS Viridis (Linn.), PIC vert.

Hab. l'Europe.

A. Mâle adulte.
B. Femelle adulte.
C. Femelle adulte.
D. Jeune.

8711. CELEUS Flavescens (Gm.).

Hab. le Brésil.

A. Mâle adulte.
B. Femelle adulte.

8713. CELEUS Reichenbachii (Malh.).

Hab. le Brésil.

A. Mâle adulte de Cayenne.

8746. BRACHYPTERNUS Puncticollis (Malh.).

Hab. l'Inde.

A. Mâle adulte.

8766. CENTURUS Striatus (Müll.).

Hab. Saint-Domingue.

A. Mâle adulte.

8778. CHLORONERPES Flavigula (Bodd.).

Hab. le Brésil.

A. Mâle adulte.

8789. CHLORONERPES Hœmastostigma (Natt.).
Hab. l'Afrique.
A. Mâle adulte du Sénégal.

8792. CHLORONERPES Tephrodops (Wagl.).
Hab. le Brésil.
A. Mâle adulte.

8815. MELANERPES Flavigula (Natt.).
Hab. la Colombie.
A. Mâle adulte.
B. Femelle adulte.

8819. MELANERPES Portoricensis (Daud.).
Hab. Porto-Rico.
A. Mâle adulte.
B. Mâle adulte.

8843. MEIGLYPTES Brachyurus (V.).
Hab. Malacca.
A. Mâle adulte de Java.

8848. YUNX Torquilla (Linn.), TORCOL ordinaire.
Hab. l'Europe.
A. Mâle adulte.
B. Mâle adulte.
C. Femelle adulte.   *Don de M. Defrance.*

8868. PHŒNICOPHAUS Erythrognatus (Hart.).
Hab. Malacca.
A. Mâle adulte.

8898. SAUROTHERA Vieilloti (Bp.).
Hab. Porto-Rico.
A. Mâle adulte de Cayenne.

6

8911. CROTOPHAGA Ani (Linn.).
Hab. la Guyane et le Brésil.
A. Mâle adulte de Cayenne.

8912. CROTOPHAGA Major (Gm.).
Hab. la Guyane et le Brésil.
A. Mâle adulte de Cayenne.

8916. COCCYZUS Meclacoryphus (Wils.).
Hab. le Paraguay.
A. Femelle adulte.

8925. COCCYZUS Cayanus (Linn.).
Hab. Cayenne.
A. Mâle adulte.

8952. CENTROPUS Nigrorufus (Cuv.).
Hab. le S. de l'Afrique.
A. Mâle adulte du Cap.

8970. CENTROPUS Toulou (Müll.).
Hab. Madagascar.
A. Mâle adulte du Sénégal.

8985. CUCULUS Canorus (Linn.), COUCOU gris.
Hab. l'Europe et l'Afrique.
A. Mâle adulte.
B. Jeune.

9037. CUCULUS Cupreus (Bodd.).
Hab. le S. de l'Afrique.
A. Mâle adulte.

9042. CUCULUS Lucidus (Gm.).
Hab. l'Australie et la Nouvelle-Galle du Sud.
A. Mâle adulte.
B. Mâle adulte.

9052. CUCULUS Lugubris.
Hab. Java.
A. Mâle adulte de Java.

ORDER IV. — COLUMBÆ

9090. TRERON Chlorogaster (Bl.).
Hab. l'Inde.
A. Mâle adulte.

9231. COLUMBA Livia Domestica (Bp.), PIGEON Bizet domestique.
Hab. l'Europe.
A. Mâle adulte.

9241. COLUMBA Œnas (Linn.), PIGEON Colombin.
Hab. l'Europe.
A. Mâle adulte tué à Lomme, près Lille.
Don de M. Ch. Deschamps de Pas.

9243. COLUMBA Palumbus (L.)., PIGEON ramier.
Hab. l'Europe.
A. Mâle adulte.

9262. COLUMBA Phæonotus (G.).
Hab. l'Afrique.
A. Mâle adulte.

9311. TURTUR Auritus (G.), TOURTERELLE ordinaire.
Hab. l'Europe.
A. Mâle adulte.

9315. TURTUR Suratensis. (Gm.).
Hab. l'Inde.
A. Mâle adulte de Java.

9364. PERISTERA Cinerea (Tem.).
Hab. Cayenne.
A. Mâle adulte.

9388. PERISTERA Riottei (Lawr.).
Hab. Costa-Rica.
A. Mâle adulte.

9393. PERISTERA Linearis (Fl.).
Hab. le Pérou.
A. Mâle adulte.

9428. PHAPS Elegans (Tem.).
Hab. l'Australie.
A. Mâle adulte.

ORDER V. — GALLINÆ

9457. PTEROCLES Arenarius (Pall.), GANGA Uni-bande.
Hab. l'Europe.
A. Mâle adulte de Tunis.
B. Femelle adulte de l'Espagne.
C. Femelle adulte.

9467. PTEROCLES Alchata (Linn.), GANGA Cata.
Hab. l'Europe.

A. Mâle adulte.

9469. PTEROCLES Exustus (Tem.).
Hab. l'Inde.

A. Femelle adulte de l'Afrique.

9488. PENELOPE Jacquinii (Reich.).
Hab. le Pérou.

A. Mâle adulte.

9523. CRAX Alector (L.).
Hab. la Guyane.

A. Mâle adulte.

9560. PAVO Cristatus (Linn.).
Hab. l'Inde.

A. Mâle adulte.

9572. ARGUSIANUS Giganteus (Tem.).
Hab. Sumatra.

A. Mâle adulte des Indes.

9574. PHASIANUS Colchicus (Linn.), FAISAN
commun.
Hab. l'Europe.

A. Mâle adulte.   *Don de M. Defrance.*
B. Femelle adulte.   *Don de M. Quenson.*

9583. PHASIANUS Reevesii (Gr.).
Hab. la Chine.

A. Mâle adulte.

9585. CHRYSOLOPHUS Pictus (Linn.).

Hab. la Chine.

A. Mâle adulte.
B. Mâle adulte.
C. Femelle adulte.
D. Femelle adulte.

9586. CHRYSOLOPHUS Amherstiæ (Leadb.).

Hab. la Chine.

A. Mâle adulte. Hybride avec le n° 9585.

9588. PUCRASIA Nipalensis (Hodgs.).

Hab. le Nepaul.

A. Mâle adulte du Bengale.

9607. EUPLOCOMUS Nycthemerus (Linn.).

Hab. la Chine.

A. Mâle adulte.
B. Mâle adulte.
C. Femelle adulte.

9611. LOPHOPHORUS Impeyanus (Lath.).

Hab. les monts Himalaya.

A. Mâle adulte des Indes.

9614 *bis*. GALLUS Domesticus, COQ domestique.

Hab. l'Europe.

A. Mâle adulte, variété Alba.
B. Mâle adulte, variété Minuta.

Don de M. Defrance.

C. Femelle adulte, variété Minuta.
D. Mâle adulte, variété Banticas.

Don de M. H. de Givenchy.

9616. GALLUS Sonneratii (Tem.).

Hab. l'Inde.

A. Mâle adulte.

**9629 *bis*. NUMIDA Meleagris Domestica (L.), PIN-
TADE domestique.**

Hab. l'Europe.

A. Mâle adulte.
B. Mâle adulte.
C. Mâle adulte.

9655. FRANCOLINUS Bicalcaratus (Linn.).

Hab. l'Afrique.

A. Femelle adulte.   *Don de M. Defrance.*

**9680. FRANCOLINUS Vulgaris (Steph.), FRAN-
COLIN vulgaire.**

Hab. l'Europe.

A. Mâle adulte de l'Asie Mineure.
B. Femelle adulte de la Turquie d'Europe.

9688. PERDIX Cinerea (Lath.), PERDRIX grise.

Hab. l'Europe.

A. Mâle adulte.
B. Femelle adulte.

**9705. COTURNIX Communis (Bonn.), CAILLE com-
mune.**

Hab. l'Europe et l'Afrique.

A. Mâle adulte.

**9729. TURNIX Sylvatica (Desfont.), TURNIX Ta-
chydrome.**

Hab. S. de l'Europe.

A. Mâle adulte.

9777. ORTYX Virginianus (L.).
Hab. l'Amérique du Nord.
A. Mâle adulte.
B. Femelle adulte.

8798. CALLIPEPLA Californica (Lath.).
Hab. la Californie.
A. Mâle adulte.
B. Femelle adulte.

9805. CACCABIS Chukar (Gr.), PERDRIX Chukar.
Hab. les Monts Himalaya.
A. Mâle adulte de l'Asie Mineure.

9806. CACCABIS Rufa (Linn.), PERDRIX rouge.
Hab. l'Europe.
A. Mâle adulte.

9815. TETRAOGALLUS Himalayensis (Gm.), TETRAOGALLE de l'Himalaya.
Hab. les Monts Himalaya.
A. Mâle adulte de l'Himalaya.

9819. TETRAO Urogallus (Linn.), TETRAS Urogalle.
Hab. N. de l'Europe.
A. Mâle adulte. *Don de M. Defrance.*

9822. TETRAO Tetrix (Linn.), TETRAS à queue fourchue.
Hab. N. de l'Europe.
A. Mâle adulte de l'Allemagne.
B. Femelle adulte.

9832. BONASA Betulina (Scop.), GELINOTTE ordinaire.
Hab. l'Europe.
A. Mâle adulte.

9836. LAGOPUS Scoticus (Lath.), LAGOPÈDE d'Ecosse.
Hab. l'Ecosse.
A. Mâle adulte.   *Don de M. Defrance.*

9837. LAGOPUS Mutus (Leach.), LAGOPÈDE Alpin.
Hab. N. de l'Europe.
A. Mâle adulte, plumage d'hiver.
B. Mâle adulte, plumage d'hiver.
c. Mâle adulte, plumage de transition.
Don de M. Defrance.

ORDER VII. – GRALLÆ

9913. OTIS Tarda (Linn.), OUTARDE barbue.
Hab. l'Europe et l'Afrique.
A. Mâle adulte.   *Don de M. Defrance.*

9914. OTIS Tetrax (Linn.), OUTARDE Canepetière.
Hab. l'Europe.
A. Mâle adulte de Bretagne.
B. Femelle adulte.

9937. EUPODOTIS Houbara (Gm.), OUTARDE Houbara.
Hab. le Nord de l'Afrique.
A. Mâle adulte de l'Espagne.

9939. ŒDICNEMUS Crepitaus (Tem.), ŒDICNEME
criard.

Hab. l'Europe.

A. Mâle adulte.   *Don de M. Defrance.*

9950. VANELLUS Cristatus (Mey.), VANNEAU
huppé.

A. Mâle adulte, plumage d'été.
B. Mâle adulte, plumage d'hiver.

9968. ERYTHROGONYS Cinctus (Gould.).

Hab. l'Australie.

A. Mâle adulte.

9971. HOPLOPTERUS Speciosus Licht.).

Hab. l'Afrique.

A. Mâle adulte.

9972. HOPLOPTERUS Cayanus (Lath).

Hab. le Paraguay.

A. Mâle adulte.

9980. SQUATAROLA Helvetica (Linn.), VANNEAU
Suisse.

Hab. l'Europe.

A. Mâle adulte.

9982. CHARADRIUS Apricarius (Linn.), PLUVIER
doré.

Hab. l'Europe.

A. Mâle adulte, plumage d'été.
B. Mâle adulte, plumage d'hiver.

9989. CHARADRIUS Morinellus (Linn.), PLÛVIER Guignard.

Hab. l'Europe.

A. Mâle adulte.   *Don de M. Defrance.*
B. Femelle adulte.

9998. CHARADRIUS Hiaticula (Linn), Grand PLÙVIER à collier.

Hab. l'Europe.

A. Mâle adulte, plumage d'hiver.

9999. CHARADRIUS Fluviatilis (Beckst.), Petit PLUVIER à collier.

Hab. l'Europe.

A. Mâle adulté.   *Don de M. Defrance.*

10036. CURSORIUS Gallicus (Gm.), COURT-VITE Isabelle.

Hab. l'Europe.

A. Mâle adulte, plumage d'hiver.

10055. CHIONIS Alba (Gm.).

Hab. la Nouvelle-Hollande.

A. Mâle adulte.

10057. HŒMATOPUS Ostralegus (Linn.), HUI-TRIER Pie.

Hab. l'Europe.

A. Mâle adulte, plumage d'été.
B. Mâle adulte, plumage d'hiver.

10079. GRUS Cinerea (Beckst.), GRUE cendrée.

Hab. l'Europe.

A. Mâle adulte.   *Don de M. Defrance.*

10090. GRUS Antigone (L.), GRUE Antigone.
Hab. l'Europe et l'Inde.
A. Mâle adulte.

10092. ANTROPOIDES Virgo (Linn.), DEMOISELLE de Numidie.
Hab. l'Europe et l'Afrique.
A. Mâle adulte.

10094. BALEARICA Pavonina (Linn.), BALEARI- QUE couronnée.
Hab. l'Europe et l'Afrique.
A. Mâle adulte.

10096. EURYPYGA Solaris (Bodd.).
Hab. la Guyane.
A. Mâle adulte.

10099. ARDEA Cinerea (Linn.), HÉRON cendré.
Hab. l'Europe.
A. Mâle adulte, plumage d'été.
B. Mâle adulte, plumage d'hiver.

10102. ARDEA Purpurea (Linn.), HÉRON pourpré.
Hab. l'Europe.
A. Mâle adulte.   *Don de M. Defrance.*

10108. ARDEA Alba (Linn.), HÉRON aigrette.
Hab. l'Europe.
A. Mâle adulte.
B. Mâle adulte.

10113. ARDEA Garzetta (Linn.), HÉRON Garzette.
Hab. l'Europe.
A. Mâle adulte.   *Don de M. Defrance.*
B. Jeune.
C. Jeune.

10131. ARDEA Agami (Gm.)

Hab. l'Amérique.

A. Mâle adulte.

10132. ARDEA Ibis (Hasselq.) HÉRON garde-bœuf.

Hab. l'Europe et l'Afrique.

A. Mâle adulte, plumage d'été.
B. Mâle adulte, plumage d'hiver.

10134. ARDEA Comata (Pall.), HÉRON Crabier.

Hab. l'Europe.

A. Mâle adulte.
B. Mâle adulte du Sénégal.

10148. ARDEA Minuta (Linn.), HÉRON Blougios.

Hab. l'Europe.

A. Mâle adulte.
B. Femelle adulte.

10156. ARDEA Grisea (Bodd.).

Hab. le Brésil.

A. Mâle adulte.

10161. BOTAURUS Stellaris (Linn.), HÉRON Butor.

Hab. l'Europe.

A. Mâle adulte.
B. Mâle adulte.

10171. NYCTIARDEA Nycticorax (Linn.), HÉRON Bihoreau.

Hab. l'Europe.

A. Mâle adulte.
B. Jeune.

10182. CANCROMA Cochlearia (Linn.).

Hab. Cayenne.

A. Mâle adulte.

10184. CICONIA Alba (Belon), CIGOGNE blanche.

Hab. l'Europe.

A. Adulte.
B. Adulte.
C. Adulte.
D. Adulte.

10186. CICONIA Nigra (Linn.), CIGOGNE noire.

Hab. l'Europe.

A. Mâle adulte tué à Saint-Germain-des-Bois.

10187. CICONIA Episcopus (Bodd.).

Hab. l'Afrique.

A. Mâle adulte.

10194. LEPTOPTILOS Crumeniferus (Cuv.).

Hab. l'Afrique.

B. Mâle adulte.
A. Mâle adulte.

10199. PLATALEA Leucorodia (Linn.), SPATULE blanche.

Hab. l'Europe.

A. Mâle adulte.   *Don de M. Defrance.*
B. Mâle adulte.
C. Jeune.

10205. PLATALEA Ajaja (Linn.).

Hab. l'Amérique.

A. Mâle adulte.
B. Mâle adulte.

10208. TANTALUS Ibis (Linn.).

Hab. l'Afrique.

A. Mâle adulte.

10211.. IBIS Rubra (Linn.).

Hab. l'Amérique.

A. Mâle adulte.
B. Mâle adulte.

10214. IBIS Falcinellus (Linn.), IBIS Falcinelle.

Hab. l'Europe.

A. Mâle adulte.
B. Jeune.

10221. IBIS Æthiopicus (Lath.), IBIS sacré.

Hab. l'Europe.

A. Mâle adulte.

10239. NUMENIUS Arquata (Linn.), COURLIS cendré.

Hab. l'Europe.

A. Mâle adulte.
B. Femelle adulte.
c. Femelle adulte.

10249. NUMENIUS Phæopus (Linn.), COURLIS Corlieu.

Hab. l'Europe.

A. Mâle adulte.

10258. LIMOSA Ægocephala (Linn.), BARGE à queue noire.

Hab. l'Europe.

A. Mâle adulte, plumage d'été.

Don de M. Defrance.

B. Femelle adulte, plumage d'été.
c. Femelle adulte, plumage d'été.

10259. LIMOSA Rufa (Tem.), BARGE rousse.

Hab. l'Europe.

A. Mâle adulte, plumage d'été.

Don de M. Defrance.

B. Femelle adulte, plumage d'hiver.

10267. TOTANUS Ocrophus (Linn.), CHEVALIER cul blanc.

Hab. l'Europe.

A. Mâle adulte, plumage d'été.

10272. TOTANUS Calidris (Linn.), CHEVALIER Gambette.

Hab. l'Europe.

A. Mâle adulte, plumage d'été.
B. Mâle adulte, plumage d'été.

10275. TOTANUS Fuscus (Linn.), CHEVALIER Arlequin.

Hab. l'Europe.

A. Mâle adulte, plumage d'été.
B. Mâle adulte, plumage d'hiver.

10276. TOTANUS Glottis (Linn.), CHEVALIER Aboyeur.

Hab. l'Europe.

A. Mâle adulte, plumage d'été.
B. Femelle adulte, plumage d'été.

10279. TRINGOIDES Hypoleucos (Linn.), CHEVALIER Guignette.

Hab. l'Europe.

A. Mâle adulte, plumage d'été.

10285. RECURVIROSTRA Avocetta (Linn.), AVO-CETTE à nuque noire.

Hab. l'Europe.

A. Mâle adulte.   *Don de M. Delehaye.*
B. Mâle adulte.

10292. HIMANTOPUS Autumnalis (Hasselq.), ECHASSE à manteau noire.

Hab. l'Europe.

A. Jeune.   *Don de M. Defrance.*

10299. PHILOMACHUS Pugnax (Linn.), CHEVA-LIER combattant.

Hab. l'Europe.

A. Mâle adulte, plumage d'été.
       Don de M. Defrance.
B. Mâle adulte,   id.   *Don de M. Defrance.*
C. Mâle adulte,   id.   *Don de M. Defrance.*
D. Mâle adulte,   id.   *Don de M. Defrance.*
E. Mâle adulte,   id.
F. Mâle adulte,   id.
G. Mâle adulte,   id.
H. Mâle adulte,   id.

10300. TRINGA Canutus (Linn.), BECASSEAU Mau-bêche.

Hab. l'Europe.

A. Mâle adulte, plumage d'été.
       Don de M. Defrance.
B. Femelle adulte, plumage d'été.
C. Mâle adulte, plumage d'hiver.

10302. TRINGA Maritima (Brünn.), BECASSEAU violet.

A. Adulte, plumage d'hiver.

7

10310. TRINGA Cinclus (Linn.), BECASSEAU Cincle.
Hab. l'Europe.
A. Mâle adulte, plumage d'été.
. *Don de M. Defrance.*
B. Mâle adulte, plumage d'été.
C. Adulte, plumage d'hiver.

10315. TRINGA Temminckii (Leisl.), BECASSEAU de Temminck.
Hab. l'Europe.
A. Adulte, plumage d'été.

10319. TRINGA Subarquata (Güld.), BECASSEAU Cocorli.
Hab. l'Europe.
A. Mâle adulte, plumage d'été.
Don de M. Defrance.

10324. CALIDRIS Arenaria (Linn.), SANDERLING des sables.
Hab. l'Europe.
A. Adulte, plumage d'hiver.

10328. GALLINAGO Major (Gm.), BÉCASSINE double.
Hab. l'Europe.
A. Adulte.

10329. GALLINAGO Scolopacina (Bp.), BÉCASSINE ordinaire.
Hab. l'Europe.
A. Adulte.

10342. GALLINAGO Gallinula (Linn.), BÉCASSINE sourde.
Hab. l'Europe.
A. Adulte.
B. Adulte.

10352. SCOLOPAX Rusticola (Linn.), BÉCASSE ordinaire.

Hab. l'Europe.

A. Mâle adulte.   *Don de M. Defrance.*
B. Mâle adulte.   *Don de M. Defrance.*
C. Jeune.   *Don de M. Defrance.*
D. Jeune.   *Don de M. Defrance.*

10356. RHYNCHÆA Capensis (Linn.).

Hab. l'Afrique et Madagascar.

A. Mâle adulte.
B. Jeune.

10408. ARAMUS Aquaticus (Linn.), RALE D'EAU.

Hab. l'Europe.

A. Femelle adulte, plumage d'hiver.

10450. ORTYGOMETRA Crex (L.), RALE DE GE-NET.

Hab. l'Europe.

A. Mâle adulte.

10451. ORTYGOMETRA Porzana (Linn.), POULE D'EAU Marouette.

Hab. l'Europe.

A. Adulte.

10458. ORTYGOMETRA Nigra (Gm.).

Hab. le Cap.

A. Adulte.

10461. ORTYGOMETRA Pygmæa (Naum.), POULE D'EAU Baillon.

Hab. l'Europe.

A. Mâle adulte, plumage d'été.
B. Mâle adulte atteint d'albinisme.
C. Jeune.

10462. ORTYGOMETRA Minuta (Pall.), POULE D'EAU Poussin.

Hab. l'Europe.

A. Mâle adulte, plumage d'été.
B. Femelle adulte, plumage d'été.

10464. ORTYGOMETRA Quadristrigata (Horsf.).

Hab. l'Australie.

A. Mâle adulte.

10476. PORPHYRIO Veterum (Gm.), POULE Sultane.

Hab. l'Europe.

A. Mâle adulte.
B. Adulte.

10489. PORPHYRIO Martinicus (Linn.).

Hab. le Nord de l'Amérique.

A. Mâle adulte.

10495. GALLINULA Chloropus (Linn.), POULE D'EAU ordinaire.

Hab. l'Europe.

A. Adulte, plumage d'hiver.

10513. FULICA Atra (Linn.), FOULQUE noire.

Hab. l'Europe.

A. Adulte.

10530. PARRA Jacana (Gm.).

Hab. le Brésil.

A. Mâle adulte.
B. Mâle adulte.

10535. PARRA Africana (Lath.).

Hab. l'Afrique.

A. Mâle adulte.
B. Mâle adulte.

ORDER VIII. — ANSERES

10544. PHŒNICOPTERUS Antiquorum (Tem.), FLAMMANT rose.

Hab. S. de l'Europe.

A. Mâle adulte.

10555. SARKIDIORNIS Melanonotus (Penn.).

Hab. l'Inde.

A. Mâle adulte.
B. Femelle adulte.

10557. SARKIDIORNIS Ægyptiaca (Gm.), OIE d'Egypte.

Hab. l'Europe et l'Afrique.

A. Mâle adulte. *Don de M. Defrance.*

10561. ANSER Cinereus (Mey.), OIE sauvage.

Hab. l'Europe.

A. Adulte.

10564. ANSER Brachyrhynchus (Bail.), OIE à bec court.

Hab. l'Europe.

A. Mâle adulte.

10565. ANSER Albifrons (Gm.), OIE rieuse.
Hab. l'Europe.

A. Adulte.
B. Adulte.

10574. ANSER Cynoides domesticus (Linn.), OIE de Guinée domestique.
Hab. l'Europe.

A. Mâle adulte.

10575. BRANTA Bernicla (Linn.), OIE Bernache.
Hab. l'Europe.

A. Adulte.   *Don de M. Défrance.*

10578. BRANTA Canadensis (L.).
Hab. l'Amérique.

A. Mâle adulte.

10581. BRANTA Leucopsis (Becks.), OIE Cravant.
Hab. l'Europe.

A. Adulte.

10593. NETTAPUS Auritus (Bodd.).
Hab. Madagascar.

A. Mâle adulte.

10600. CYGNUS Cygnus (Linn.), CYGNE sauvage.
Hab. l'Europe

A. Mâle adulte.
B. Femelle adulte.   *Don de M. H. de Givenchy.*
C. Jeune.

10615. DENDROCYGNA Autumnalis (L.).
Hab. S. de l'Amérique.

A. Mâle adulte.

10618. TADORNA Cornuta (Gm.), CANARD Tadorne.

Hab. l'Europe.

A. Mâle adulte.   *Don de M. Defrance.*
B. Mâle adulte.

10621. CASARKA Rutila (Pall.), CANARD Casarka.

Hab. l'Europe.

A. Mâle adulte de la Russie.

10626. AIX Sponsa (Linn.).

Hab. le Nord de l'Amérique.

A. Mâle adulte.
B. Femelle adulte.

10627. AIX Galericulata (Linn.).

Hab. la Chine.

A. Mâle adulte.

10628. MARECA Penelope (Linn.), CANARD siffleur.

Hab. l'Europe.

A. Mâle adulte.   *Don de M. Defrance.*
B. Mâle adulte, plumage d'été.
C. Femelle adulte.

10632. DAFILA Acuta (Linn.), CANARD Pilet.

Hab. l'Europe.

A. Mâle adulte.
B. Mâle adulte.

10638. ANAS Boschas (Linn.), CANARD sauvage.

Hab. l'Europe.

A. Mâle adulte.   *Don de M. Defrance.*
B. Mâle adulte.
C. Femelle adulte.

10638. ANAS Boschas Domestica, CANARD domestique.

Hab. l'Europe.

A. Jeune à deux têtes.   *Don de M. Becquet.*
B. Mâle adulte, variété du Labrador.
Don de M. Delbecque.

10656. QUERQUEDULA Circia (Linn.), SARCELLE
d'été.

Hab. l'Europe.

A. Mâle adulte.
B. Femelle adulte.

10661. QUERQUEDULA Crecca (Linn.), SARCELLE
d'hiver.

Hab. l'Europe.

A. Mâle adulte.   *Don de M. Defrance.*
B. Mâle adulte.
B. Femelle adulte.   *Don de M. Defrance.*

10666. QUERQUEDULA Torquata (V.).

Hab. S. de l'Amérique.

A. Mâle adulte.

10674. CHAULELASMUS Strepera (Linn.), CANARD
Ridenne.

Hab. l'Europe.

A. Mâle adulte.

10676. SPATULA Clypeata (Linn.), CANARD Souchet.

Hab. l'Europe.

A. Mâle adulte.   *Don de M. Defrance.*
B. Mâle adulte.
C. Mâle adulte.
D. Femelle adulte.   *Don de M. Defrance.*

10682. CAIRINA Moschata Domestica (Linn.).
Hab. la Guyane à l'état sauvage.
A. Mâle adulte.
A. Femelle adulte.

10683. FULIGULA Rufina (Pall.), CANARD siffleur huppé.
Hab. l'Europe.
A. Mâle adulte.   *Don de M. Defrance.*

10684. FULIX Cristata (Linn.), CANARD Morillon.
Hab. l'Europe.
A. Mâle adulte.

10686. FULIX Marila (Linn.), CANARD Milouinan.
Hab. l'Europe.
A. Mâle adulte.   *Don de M. Defrance.*
B. Mâle jeune.

10689. AYTHYA Ferina (Linn.), CANARD Milouin.
Hab. l'Europe.
A. Mâle adulte.   *Don de M. Defrance.*
B. Mâle adulte.
c. Femelle adulte.   *Don de M. Defrance.*

10693. AYTHYA Nyroca (Güld.), CANARD Nyroca.
Hab. l'Europe.
A. Mâle adulte.   *Don de M. Defrance.*
B. Mâle adulte.
c. Mâle adulte.

10695. AYTHYA Peposaca (V.).
Hab. l'Amérique.
A. Mâle adulte.

10696. BUCEPHALA Clangula (Linn.), CANARD Garrot.

Hab. l'Europe.

A. Mâle adulte.   *Don de M. Defrance.*
B. Mâle adulte.
C. Femelle adulte.   *Don de M. Defrance.*

10701. HARELDA Glacialis (Linn.), CANARD de Miquelon.

Hab. l'Europe.

A. Mâle adulte, plumage d'hiver.
             Don de M. Defrance.
B. Femelle adulte, plumage d'hiver.
             Don de M. Defrance.
C. Femelle adulte, plumage d'hiver.
D. Femelle adulte, plumage d'hiver.

10706. SOMATERIA Mollissima (Linn.), CANARD Eider.

Hab. l'Europe.

A. Mâle adulte.
B. Mâle jeune.
C. Jeune.   *Don de M. Defrance.*

10708. SOMATERIA Spectabilis (Linn.), CANARD Eider à tête grise.

Hab. l'Europe.

A. Mâle adulte.

10710. OIDEMIA Nigra (Linn.), MACREUSE noire.

Hab. l'Europe.

A. Mâle adulte.
B. Mâle adulte.
C. Femelle adulte.

10714. OIDEMIA Fusca (Linn.), MACREUSE brune.

Hab. l'Europe.

A. Mâle adulte.   *Don de M. Defrance.*
B. Femelle adulte.   *Don de M. Defrance.*

10718. ERISMATURA Leucocephala (Scop.), CA-NARD couronné.

Hab. l'Europe.

A. Mâle adulte tué sur le Volga.

10728. MERGUS Castor (Linn.), GRAND HARLE.

Hab. l'Europe.

A. Mâle adulte.
B. Mâle adulte.
c. Femelle adulte.
D. Femelle adulte.

10729. MERGUS Serrator (Linn.), HARLE huppé.

Hab. l'Europe.

A. Mâle adulte.   *Don de M. Defrance.*
B. Mâle adulte.
c. Mâle adulte.

10733. MERGUS Cucullatus (Linn.), HARLE cou-ronné.

Hab. l'Europe.

A. Mâle adulte.
B. Femelle adulte.

10734. MERGELLUS Albellus (Linn.), HARLE Piette.

Hab. l'Europe.

A. Mâle adulte.
B. Mâle adulte.
c. Femelle adulte.   *Don de M. Defrance.*

10735. COLYMBUS Glacialis (Linn.), PLONGEON Imbrin.

Hab. l'Europe.

A. Femelle adulte, plumage d'été.

10737. COLYMBUS Arcticus (Linn.), PLONGEON Lumne.

Hab. l'Europe.

A. Mâle adulte, plumage de noce, tué près du Mont-Oural.

10738. COLYMBUS Septentrionalis (Linn.), PLON- GEON Cat-Marin.

Hab. l'Europe.

A. Mâle adulte, plumage d'été.

Don de M. Defrance.

B. Mâle adulte, plumage de transition.
c. Adulte, plumage d'hiver.
D. Adulte, plumage d'hiver.
E. Adulte, plumage d'hiver.

10739. PODICEPS Cristatus (Linn.), GRÈBE huppé.

Hab. l'Europe.

A. Adulte, plumage d'été. *Don de M. Defrance.*
B. Adulte, plumage d'été. *Don de M. Defrance.*
c. Adulte, plumage de transition.

Don de M. Defrance.

D. Adulte, plumage de transition.

Don de M. Defrance.

E. Adulte, plumage d'hiver.

10747. PODICEPS Grisegena (Bodd.), GRÈBE Jou- Gris.

Hab. l'Europe.

A. Mâle adulte, plumage d'été.

Don de M. Defrance.

B. Mâle adulte, plumage d'été.
c. Adulte, plumage de transition.

**10751. PODICEPS Auritus (Linn.), GRÈBE Oreil-
lard.**

Hab. l'Europe.

A. Mâle adulte, plumage d'été.
B. Mâle adulte, plumage d'hiver.

**10753. PODICEPS Nigricollis (Lunder), GRÈBE à
cou noir.**

Hab. l'Europe.

A. Mâle adulte, plumage de transition.

**10763. PODICEPS Minor (Linn.), GRÈBE Casta-
gneux.**

Hab. l'Europe.

A. Mâle adulte, plumage d'été.
> *Don de M. Defrance.*
B. Mâle adulte, plumage d'été.
> *Don de M. Defrance.*
C. Mâle adulte, plumage d'été.
D. Adulte, plumage d'hiver.

**10774. CHENALOPEX Torda (Linn.), PINGOUIN
Macroptère.**

Hab. l'Europe.

A. Adulte, plumage d'été.
B. Adulte, plumage d'hiver.
C. Adulte, plumage d'hiver.

10775. ALCA Arctica (Linn.), MACAREUX Moine.

Hab. l'Europe.

A. Adulte.

10790. SPENISCUS Demersus (Linn.).

Hab. l'Afrique.

A. Adulte.

10791. EUDYPTES Catarractes (Gm.)
Hab. l'île Falkland.

A. Adulte.

10808. APTENODYTES Pennantii (G.).
Hab. l'île Falkland.

A. Mâle adulte.

10816. URIA Grylle (Linn.), GUILLEMOT à miroir.
Hab. l'Europe.

A. Adulte, plumage d'été.

10820. URIA Troile (Linn.), GUILLEMOT à capuchon.
Hab. l'Europe.

A. Adulte, plumage d'été.
B. Adulte, plumage d'été.
C. Adulte, plumage d'hiver.

10824. ARCTICA Alle (Linn.), GUILLEMOT nain.
Hab. l'Europe.

A. Mâle adulte.

10851. PROCELLARIA Pelagica (Linn.), PÉTREL tempête.
Hab. l'Europe.

A. Adulte.   *Don de M. Defrance.*
B. Adulte.

10860. PROCELLARIA Oceanica (Kulh.), PÉTREL Océanien.
Hab. l'Europe.

A. Adulte.

10873. FULMARUS Glacialis (Linn.), FULMAR glacial.

Hab. l'Europe.

A. Adulte.
B. Adulte.

10904. FULMARUS Capensis (Linn.), PÉTREL damier.

Hab. l'Europe et l'Afrique.

A. Mâle adulte.

10931. DIOMEDEA Chlororyncha (Gm.).

Hab. l'Océan Pacifique.

A. Adulte.

10936. DIOMEDEA Fuliginosa (Gm.).

Hab. l'Océan Antarctique.

A. Adulte.

10937. STERCORARIUS Parasiticus (Linn.), STERCORAIRE Parasite.

Hab. l'Europe et la Mer du Nord.

A. Jeune.
B. Jeune.

10938. STERCORARIUS Cephus (Brünn.), STERCORAIRE Longicaude.

Hab. l'Europe et la Mer du Nord.

A. Jeune.

10941. STERCORARIUS Pomarinus (Tem.), STERCORAIRE Pomarin.

Hab. l'Europe et la Mer du Nord.

A. Jeune.

10942. STERCORARIUS Catarractes (Linn.), STER-
CORAIRE Catarracte.
Hab. l'Europe.
A. Adulte.

10945. LARUS Canus (Linn.), GOËLAND cendré.
Hab. l'Europe.
A. Adulte, plumage d'hiver.

10952. LARUS Marinus (Linn.), GOËLAND à man-
teau noir.
Hab. l'Europe.
A. Adulte.
B. Jeune.

10959. LARUS Fuscus (Linn.), GOËLAND brun.
Hab. l'Europe.
A. Mâle jeune.

10960. LARUS Glaucus (Brünn.), GOËLAND Bour-
guemestre.
Hab. l'Europe.
A. Jeune.

10968. LARUS Argentatus (Brünn.), GOËLAND à
manteau bleu.
Hab. l'Europe.
A. Adulte.
B. Adulte.
c. Jeune.
D. Jeune.

10980. LARUS Ichthyætus (Pall.), GOËLAND Ich-
thyaëte.
Hab. l'Europe.
A. Mâle adulte, plumage de noce, tué dans la
Mer Rouge.

10981. LARUS Rɪᴅɪʙᴜɴᴅᴜs **(Linn.), MOUETTE rieuse.**
Hab. l'Europe.

A. Adulte, plumage d'été.
B. Adulte, plumage d'été.
c. Jeune.

11001. LARUS Mɪɴᴜᴛᴜs **(Pall.), MOUETTE Pygmée.**
Hab. l'Europe.

A. Adulte, plumage d'hiver.
B. Jeune.

11017. RISSA Tʀɪᴅᴀᴄᴛʏʟᴀ **(Linn.), MOUETTE Tri-**
dactyle.
Hab. l'Europe.

A. Adulte, plumage d'hiver.
B. Jeune.

11020. STERNA Hɪʀᴜɴᴅᴏ **(Linn.), STERNE Arc-**
tique.
Hab. l'Europe.

A. Mâle adulte, plumage d'été.

11021. STERNA Fʟᴜᴠɪᴀᴛɪʟɪs **(Naum.), STERNE**
Hirondelle.
Hab. l'Europe.

A. Mâle adulte.
B. Mâle adulte.

11044. STERNA Cᴀɴᴛɪᴀᴄᴀ **(Gm.), STERNE Caugek.**
Hab. l'Europe.

A. Mâle adulte, plumage d'été.
B. Adulte, plumage de transition.

11050. STERNA Cᴀsᴘɪᴀ **(Pall.), STERNE Tsche-**
grava.
Hab. l'Europe.

A. Adulte, plumage d'hiver.

8

11062. STERNA Minuta (Linn.), STERNE petite.

Hab. l'Europe.

A. Mâle adulte, plumage d'été.
B. Femelle adulte, plumage d'été.

11069. HYDROCHELIDON Fissipes (Linn.), STERNE épouvantail.

Hab. l'Europe.

A. Adulte, plumage de noce.
B. Adulte, plumage d'été.
C. Adulte, plumage d'hiver.
D. Jeune.

11070. HYDROCHELIDON Nigra (Linn.), STERNE Leucoptère.

Hab. l'Europe.

A. Mâle adulte, plumage d'été.

11084. ANOUS Stolidus (Linn.), STERNE Noddy.

Hab. l'Europe, Océans Pacifique et Indien.

A. Mâle adulte, plumage d'été.

11092. RYNCHOPS Nigra (Linn.).

Hab. le Nord de l'Amérique.

A. Adulte.

11095. PHAËTON Æthereus (Linn.), PHAËTON Ethéré.

Hab. l'Europe et l'Océan Atlantique.

A. Adulte.

11098. PHAËTON Rubricaudus (Bodd.).

Hab. la Mer du Sud.

A. Adulte.

11100. PLOTUS Melanogaster (Penn.).

Hab. l'Inde et Java.

A. Femelle adulte tuée à Java.

11103. SULA Bassana (Linn.), FOU de Bassan.

Hab. l'Europe.

A. Adulte.

11104. SULA Capensis (Licht.).

Hab. l'Afrique.

A. Adulte.

11109. SULA Fiber (Linn.).

Hab. l'Océan Atlantique.

A. Adulte des Antilles.

11112. GRACULUS Carbo (Linn.), CORMORAN ordinaire.

Hab. l'Europe.

A. Mâle adulte, plumage d'été.
B. Adulte, plumage d'hiver.
C. Jeune.

11124. GRACULUS Glaucus (Homb.).

Hab. la Nouvelle-Zélande.

A. Adulte.

11137. GRACULUS Carunculatus (Gm.).

Hab. la Nouvelle-Zélande.

A. Adulte.

11144. GRACULUS Melanognathos (Brand.).

Hab. l'Inde.

A. Adulte de Java.

11151. PELECANUS Onocrotalus (Linn.), PÉLICAN blanc.

>Hab. l'Europe et l'Afrique.

A. Jeune.

11152. PELECANUS Crispus (Bruch.), PÉLICAN frisé

>Hab. l'Europe et l'Asie.

A. Mâle adulte.

ŒUFS

—–~~~–—

CLASSIFICATION

DE

GRAY

ŒUFS

ORDRE I. — ACCIPITRES

SOUS-ORDRE I. — ACCIPITRES DIURNI

8.* GYPS Fulvus (Gray), VAUTOUR fauve.

> Don de M. H. de Givenchy.

18. CATHARISTA Aura (Linn.).

NORD DE L'AMÉRIQUE.   Don de M. H. de Givenchy.

21. NEOPHRON Percnopterus (Linn.), CATHARTE percnoptère.

> Don de M. H. de Givenchy.

36. BUTEO Cinereus (Bp.), BUSE commune.

> Don de M. de Comte.

53. BUTEO Lineatus (Gm.).

AMÉRIQUE.   Don de M. H. de Givenchy.

* Ces numéros correspondent aux oiseanx.

81. ARCHIBUTEO Lagopus (Gray), BUSE pattue.

Don de M. H. de Givenchy.

88. AQUILA Imperialis (Beckst.), AIGLE impérial.

Don de M. H. de Givenchy.

91. AQUILA Clanga (Pall.) AIGLE criard.

Don de M. H. de Givenchy.

131. PANDION Haliaëtus (Linn.), AIGLE Balbuzard.

Don de M. H. de Givenchy.

132. PANDION Carolinensis (Gm.).

NORD DE L'AMÉRIQUE.　　Don de M. H. de Givenchy.

144. HALIAËTUS Albicilla (Linn.), AIGLE Pygargue.

Don de M. H. de Givenchy.

163. FALCO Peregrinus (Linn.), FAUCON commun.

Don de M. H. de Givenchy.

171. FALCO Lanarius (Linn.), FAUCON Lanier.

Don de M. H. de Givenchy.

180. HYPOTRIORCHIS Subbuteo (Linn.), FAUCON
hobereau.

Don de MM. de Comte et Dupuis.

192. HYPOTRIORCHIS Æsalon (Linn.), FAUCON
Emérillon.

Don de MM. de Comte et Dupuis.

203. TINNUNCULUS Alaudarius (Gm.), FAUCON
cresserelle.

Don de M. de Comte.

237. PERNIS Apivorus (Linn.), BUSE Bondrée.

Don de M. H. de Givenchy.

243. MILVUS Regalis (Bp.), MILAN royal.
>> Don de M. H. de Givenchy.

245. MILVUS Ater (Gm.), MILAN noir.
>> Don de M. H. de Givenchy.

268. ASTUR Palumbarius (Linn.), AUTOUR vulgaire.
>> Don de M. de Comte.

299. ACCIPITER Nisus (Linn.), ÉPERVIER ordinaire.
>> Don de M. de Comte.

356. CIRCUS Rufus (Gm.), BUSARD Harpaye.
>> Don de M. de Comte.

369. CIRCUS Cineraceus (Mont.), BUSARD Montagu.
>> Don de M. de Comte.

SOUS-ORDRE II. — ACCIPITRES NOCTURNI

378. ATHENE Noctua (Retz.), CHOUETTE chevèche.
>> Don de MM. de Comte et Dupuis.

461. SCOPS Zorca (Gm.), HIBOU Petit-Duc.
>> Don de M. de Comte.

500. SYRNIUM Aluco (Linn.), CHOUETTE Hulotte.
>> Don de M. de Comte.

539. OTUS Vulgaris (Flem.), HIBOU Moyen-Duc.
>> Don de M. de Comte.

558. STRIX Flammea (Linn.), CHOUETTE Effraie.
>> Don de M. de Comte.

ORDRE II. — PASSERES

SOUS-ORDRE I. — FISSIROSTRES

612. CAPRIMULGUS Europæus (Linn.), ENGOULE-VENT ordinaire.

Don de M. de Comte.

717. CYPSELUS Apus (Linn.), MARTINET noir.

Don de M. de Comte.

719. CYPSELUS Melba (Linn.), MARTINET à ventre blanc.

Don de M. de Comte.

786. HIRUNDO Rustica (Linn.), HIRONDELLE de cheminée.

Don de MM. de Comte et Dupuis.

842. HIRUNDO Bicolor (V.).

Don de M. H. de Givenchy.

864. HIRUNDO Riparia (Linn.), HIRONDELLE de rivage.

Don de M. de Comte.

880. HIRUNDO Urbica (Linn.), HIRONDELLE de fenêtre.

Don de MM. de Comte et Dupuis.

1151. ALCEDO Ispida **(Linn.). MARTIN-PÊCHEUR** ordinaire.

Don de M. de Comte.

1187. CERYLE Alcyon **(Linn.).**

AMÉRIQUE.   Don de M. H. de Givenchy.

SOUS-ORDRE II. — TENUIROS

2483. SITTA Europæa **(Linn.), SITELLE** torche-pot.

Don de M. de Comte.

2512. CERTHIA Familiaris **(Linn.), GRIMPEREAU** familier.

Don de M. de Comte.

2562. TROGLODYTES Parvulus **(Koch), TROGLO-DYTE** vulgaire.

Don de M. Dupuis.

SOUS-ORDRE III. — DENTIROSTRES

2917. CALAMODYTA Turdoïdes **(Meyer), BEC-FIN** Rousserolle.

Don de MM. de Comte et Dupuis.

2940. CALAMODYTA Arundinacea **(Gm.), BEC-FIN** des roseaux.

Don de MM. de Comte et Dupuis.

2954. CALAMODYTA Sericea (Natt.), BEC-FIN Bouscarle.

> Don de M. H. de Givenchy.

2964. CALAMODYTA Phragmitis (Becks.), BEC-FIN Phragmite.

> Don de MM. de Comte et Dupuis.

2965. CALAMODYTA Aquatica (Lath.), BEC-FIN aquatique.

> Don de M. de Comte.

2972. CALAMODYTA Locustella (Penn.), BEC-FIN Locustelle.

> Don de M. de Comte.

3012. SYLVIA Cinerea (Bp.), FAUVETTE grisette.

> Don de MM. de Comte et Dupuis.

3013. SYLVIA Curruca (Lath.), FAUVETTE babillarde.

> Don de M. de Comte.

3016. SYLVIA Sylvicola (Lath.), POUILLOT siffleur.

> Don de M. de Comte.

3017. SYLVIA Atricapilla (Linn.), FAUVETTE à tête noire.

> Don de M. de Comte.

3021. SYLVIA Orpheus (Tem.), FAUVETTE orphée.

> Don de M. de Comte.

3025. SYLVIA Hortensis (Gm.), FAUVETTE des jardins.

> Don de M. de Comte.

3033. SYLVIA Bonelli (V.), POUILLOT Bonelli.

> Don de M. de Comte.

3034. SYLVIA Rufa (Lath.), POUILLOT Veloce.

Don de M. de Comte.

**3042. SYLVIA Hypolaïs (Linn.), FAUVETTE à poi-
trine jaune.**

Don de M. de Comte.

**3151. LUSCINIA Luscinia (Linn.), ROSSIGNOL or-
dinaire.**

Don de MM. de Comte et Dupuis.

**3153. RUTICILLA Phœnicurus (Linn), ROUGE-
QUEUE de muraille.**

Don de MM. de Comte et Dupuis.

**3154. RUTICILLA Tithys (Scop.), ROUGE-QUEUE
Tithys.**

Don de MM. de Comte et Dupuis.

**3193. ERYTHACUS Rubecula (Linn.), ROUGE-
GORGE ordinaire.**

Don de MM. de Comte et Dupuis.

**3205. SAXICOLA Œnanthe (Linn.), TRAQUET
motteux.**

Don de MM. de Comte et Dupuis.

**3274. PRATINCOLA Rubicola (Linn.), TRAQUET
rubicole.**

Don de MM. de Comte et Dupuis.

**3275. PRATINCOLA Rubetra (Linn.), TRAQUET
Tarier.**

Don de MM. de Comte et Dupuis.

3312. SIALIA Wilsonii (Sw.).

Nord de l'Amérique.　　　Don de M. H. de Givenchy.

3316. ACCENTOR Alpinus (Gm.), ACCENTEUR Alpin.

> Don de M. de Comte.

3324. ACCENTOR Modularis (Linn.), ACCENTEUR mouchet.

> Don de MM. de Comte et Dupuis.

3328. PARUS Major (Linn.), MÉSANGE charbonnière.

> Don de MM. de Comte et Dupuis.

3329. PARUS Ater (Linn.), MÉSANGE noire.

> Don de M. de Comte.

3348. PARUS Palustris (Linn.), MÉSANGE Nonnette.

3354. PARUS Atricapillus (Linn.).

AMÉRIQUE. Don de M. H. de Givenchy.

3366. PARUS Cœruleus (Linn.), MÉSANGE bleue.

> Don de MM. de Comte et Dupuis.

3373. PARUS Cristatus (Linn.), MÉSANGE huppée.

> Don de M. de Comte.

3395. PARUS Caudatus (Linn.), MÉSANGE à longue queue.

> Don de M. de Comte.

3428. ÆGITHALUS Biarmicus, MÉSANGE à moustache.

> Don de M. de Comte.

3475. MNIOTILTA Æstiva (Gm.).

AMÉRIQUE. Don de M. H. de Givenchy.

3562. MOTACILLA Alba (Linn.), BERGERONNETTE grise.

> Don de MM. de Comte et Dupuis.

3578. MOTACILLA Flava (Linn.), BERGERON-
NETTe printanière.

>Don de MM. de Comte et Dupuis.

3592. MOTACILLA Boarula (Penn.), BERGERON-
NETTE Boarule.

>Don de M. de Comte.

3614. ANTHUS Spinoletta (Linn.), PIPI Spioncelle.

>Don de M. de Comte.

3635. ANTHUS Campestris (Beckst.), PIPI Rousse-
line.

>Don de M. de Comte.

3640. ANTHUS Arboreus (Beckst.), PIPI des buis-
sons.

>Don de MM. de Comte et Dupuis.

3645. ANTHUS Pratensis (Linn.), PIPI des prés.

>Don de MM. de Comte et Dupuis.

3667. TURDUS Viscivorus (Linn.), MERLE Draine.

>Don de M. de Comte.

3677. TURDUS Musicus (Linn.), MERLE Grive.

>Don de MM. de Comte et Dupuis.

3678. TURDUS Iliacus (Linn.), MERLE Mauvis.

>Don de MM. de Comte et Dupuis.

3681. TURDUS Fuscescens (Steph.).

AMÉRIQUE ? >Don de M. H. de Givenchy.

3697. TURDUS Merula (Linn.), MERLE noir.

>Don de MM. de Comte et Dupuis.

3747. TURDUS Migratorius (Linn.), MERLE erra-
tique.

>Don de M. H. de Givenchy.

3800. TURDUS Saxatilis (Linn.), MERLE de roche.

Don de M. de Comte.

3815. MIMUS Polyglottus (Linn.).

NORD DE L'AMÉRIQUE.　　Don de M. H. de Givenchy.

3840. MIMUS Carolinensis (Linn.).

AMÉRIQUE.　　Don de M. H. de Givenchy.

3851. MIMUS Rufus (Linn.).

AMÉRIQUE.　　Don de M. H. de Givenchy.

3899. HYDROBATA Cinclus (Gm.), MERLE cincle.

Don de M. H. de Givenchy.

4299. ORIOLUS Galbula (Linn.), LORIOT vulgaire.

Don de MM. de Comte et Dupuis.

4811. MUSCICAPA Griseola (Linn.), GOBE-MOUCHE gris.

Don de M. de Comte.

5539. PYROCEPHALUS Fuscus (Gm.).

AMÉRIQUE.　　Don de M. H. de Givenchy.

5541. TYRANNUS Carolinensis (Linn.).

ÉTATS-UNIS.　　Don de M. H. de Givenchy.

5566. AMPELIS Cedrorum (V.).

AMÉRIQUE.　　Don de M. H. de Givenchy.

5762. VIREO Olivacea (Linn.).

AMÉRIQUE.　　Don de M. H. de Givenchy.

5927. COLLYRIO Excubitor (Linn.), PIE-GRIÈCHE grise.

Don de M. de Comte.

5965. ENNEOCTONUS Collurio (Linn.), PIE-GRIÈ-
    CHE écorcheur.

                Don de MM. de Comte et Dupuis.

5966. ENNEOCTONUS Minor (Gm.), PIE-GRIÈCHE
    à poitrine rose.

                Don de M. H. de Givenchy.

5978. LANIUS Rufus (Bp.), PIE-GRIÈCHE à tête
    rousse.

                Don de M. de Comte.

SOUS-ORDRE IV. — PASSERES COMIROSTRES

6070. GARRULUS Glandarius (Linn.), GEAI vul-
    gaire.

                Don de MM. de Comte et Dupuis.

6085. CYANURUS Cristatus (Linn.).

ÉTATS-UNIS.   Don de M. H. de Givenchy.

6167. PICA Caudata (Keys.), PIE vulgaire.

                Don de MM. de Comte et Dupuis.

6181. CORVUS Corax (Linn.), CORBEAU noir.

                Don de M. Dupuis.

6192. CORVUS Corone (Linn.), CORNEILLE noire.

                Don de MM. de Comte et Dupuis.

6193. CORVUS Cornix (Linn), CORNEILLE man-
    telée.

                Don de M. de Comte.

6201. CORVUS Frugilegus (Linn.), CORBEAU Freux.

                Don de M. de Comte.

6230. CORVUS Monedula (Linn.), CORBEAU Choucas.

> Don de MM. de Comte et Dupuis.

6306. STURNUS Vulgaris (Linn.), ÉTOURNEAU vulgaire.

> Don de MM. de Comte et Dupuis.

6464. YPHANTES Baltimore (Linn.).

ÉTATS-UNIS.   Don de M. H. de Givenchy.

6465. YPHANTES Bullockii (Sw.).

MEXIQUE.   Don de M. H. de Givenchy.

6470. AGELAIUS Phæniceus (Linn.).

NORD DE L'AMÉRIQUE.   Don de M. H. de Givenchy.

6476. AGELAIUS Icterocephalus (Bp.).

SUD DE L'AMÉRIQUE.   Don de M. H. de Givenchy.

6492. STURNELLA Ludoviciana (Linn.).

NORD DE L'AMÉRIQUE.   Don de M. H. de Givenchy,

6507. MOLOTHRUS Ater (Bodd.).

NORD DE L'AMÉRIQUE.   Don de M. H. de Givenchy.

6521. QUISCALUS Purpureus (Bartr.).

ÉTATS-UNIS.   Don de M. H. de Givenchy.

6534. QUISCALUS Major (V.).

CENTRE DE L'AMÉRIQUE.   Don de M. H. de Givenchy.

6542. SCOLECOPHAGUS Cyanocephalus (Wagl.).

AMÉRIQUE.   Don de M. H. de Givenchy.

7166. FRINGILLA Cœlebs (Linn.), PINSON ordinaire.

> Don de MM. de Comte et Dupuis.

7168. FRINGILLA Montifringilla (Linn.), PINSON
des Ardennes.

Don de M. Dupuis.

7171. FRINGILLA Carduelis (Linn.), CHARDON-
NERET ordinaire.

Don de MM. de Comte et Dupuis.

7201. FRINGILLA Citrinella (Linn.), GROS-BEC
Venturon.

Don de M. Dupuis.

7206. FRINGILLA Serinus (Linn.), GROS-BEC Cini.

Don de M. de Comte.

7207. FRINGILLA Canaria (Linn.).

MADÈRE ET CANARIES. Don de MM. de Comte et Dupuis.

7219. FRINGILLA Chloris (Linn.), VERDIER ordinaire.

Don de MM. de Comte et Dupuis.

7251. FRINGILLA Nivalis (Linn.), PINSON nive-
rolle.

Don de M. de Comte.

7257. PASSER Domesticus (Linn.), MOINEAU domestique.

Don de MM. de Comte et Dupuis.

7258. PASSER Montanus (Linn.), MOINEAU friquet.

Don de M. de Comte.

7286. COCCOTHRAUSTES Vulgaris (Pall.), GROS-
BEC ordinaire.

Don de M. de Comte.

7387. ZONOTRICHIA Melodia (Wils.).

ÉTATS-UNIS. Don de M. H. de Givenchy.

7396. ZONOTRICHIA Pusilla **(Wils.).**
NORD DE L'AMÉRIQUE.   Don de M. H. de Givenchy.

7397. ZONOTRICHIA Socialis **(Wils.).**
NORD DE L'AMÉRIQUE.   Don de M. H. de Givenchy.

7414. ZONOTRICHIA Graminea **(Gm.).**
MEXIQUE.   Don de M. H. de Givenchy.

7477. PYRRHULA Rubicilla **(Pall.), BOUVREUIL** ordinaire.

Don de MM. de Comte et Dupuis.

7508. CARPODACUS Frontalis **(Say.).**
MEXIQUE.   Don de M. H. de Givenchy.

7531. CARDINALIS Virginianus **(Linn.).**
ÉTATS-UNIS.   Don de M. H. de Givenchy.

7645. LINARIA Cannabina **(Linn.), LINOTTE** ordinaire.

Don de MM. de Comte et Dupuis.

7670. CALAMOSPIZA Grammaca **(Say.).**
NORD DE L'AMÉRIQUE.   Don de M. H. de Givenchy.

7683. CITRINELLA Citrinella **(Linn.), BRUANT** jaune.

Don de MM. de Comte et Dupuis.

7684. CITRINELLA Cirlus **(Linn.), BRUANT** Zizi.

Don de M. de Comte.

7687. CITRINELLA Hortulana **(Linn.), BRUANT** Ortolan.

Don de M. de Comte.

7697. CITRINELLA Miliaria **(Linn.), BRUANT** Proyer.

Don de M. de Comte.

7698. CITRINELLA Cia (Linn.), BRUANT fou.

Don de M. de Comte.

7708. CITRINELLA Schœnicla (Linn.), BRUANT des roseaux.

Don de MM. de Comte et Dupuis.

7744. ALAUDA Arvensis (Linn.), ALOUETTE des champs.

Don de MM. de Comte et Dupuis.

7760. ALAUDA Arborea (Linn.), ALOUETTE Lulu.

Don de M. de Comte.

7762. ALAUDA Cristata (Linn.), ALOUETTE Cochevis.

Don de M. de Comte.

8033. MELOPSITTACUS Undulatus (Shaw.).

AUSTRALIE. Don de M. H. de Givenchy.

8268. PSITTACUS Erythacus (Linn.).

AFRIQUE. Don de M. Dupuis.

8541. PICUS Major (Linn.), PIC épeiche.

Don de M. de Comte.

8671. CECINUS Viridis (Linn.), PIC vert.

Don de M. de Comte.

8828. COLAPTES Auratus (Linn.).

AMÉRIQUE. Don de M. H. de Givenchy.

8848. YUNX Torquilla (Linn.), TORCOL ordinaire.

Don de MM. de Comte et Dupuis.

8914. COCYZUS Americanus (Linn.).

8985. CUCULUS Canorus (Linn.), COUCOU gris.

Don de M. de Comte·

ORDRE IV. — COLUMBÆ

9231. COLUMBA Livia (Bp.), PIGEON Bizet.

Don de M. de Comte.

9231 *bis*. COLUMBA Livia Domestica (Bp.), PIGEON Bizet domeslique.

Don de M. Dupuis.

9241. COLUMBA Œnas (Linn.), PIGEON Colombin.

Don de M. E. Delbecque.

9243. COLUMBA Palumbus (Linn.), PIGEON ramier.

Don de M. de Comte.

9311. TURTUR Auritus (G.), TOURTERELLE ordinaire.

Don de M. de Comte.

9328. TURTUR Risorius Domesticus (Linn.), TOURTERELLE rieuse domestique.

Don de M. Dupuis.

ORDRE V. — GALLINÆ

9560. PAVO Cristatus (Linn.).
INDE.   Don de MM. de Comte et Dupuis.

9574. PHASIANUS Colchicus (Linn.), **FAISAN** commun.

Don de M. de Comte.

9585. CHRYSOLOPHUS Pictus (Linn.).
CHINE.   Don de MM. de Comte et Dupuis.

9607. EUPLOCOMUS Nycthemerus (Linn.).
CHINE.   Don de M. de Comte.

9614 *bis*. **GALLUS** Domesticus **COQ** domestique.

Don de M. Dupuis.

9626 *bis*. **MELEAGRIS** Domestica (Linn.), **DINDON** domestique.

Don de M. Dupuis.

9629 *bis*. **NUMIDA** Meleagris Domestica (Linn.), **PINTADE** domestique.

Don de MM. de Comte et Dupuis.

9688. PERDIX Cinerea (Lath.), **PERDRIX** grise.

Don de MM. de Comte et Dupuis.

9705. COTURNIX Communis (Bonn.). **CAILLE** commune.

Don de MM. de Comte et Dupuis.

9798. **CALLIPEPLA** Californica (Lath.).

California.   Don de M. H. de Givenchy.

9802. **CACCABIS** Saxatilis (Mey.), **PERDRIX** Bartavelle.

Don de M. H. de Givenchy.

9806. **CACCABIS** Rufa (Linn.), **PERDRIX** rouge.

Don de M. H. de Givenchy.

9811. **CACCABIS** Petrosa (Gm.), **PERDRIX** Gambra.

Don de M. H. de Givenchy.

9819. **TETRAO** Urogallus (Linn.), **TETRAS** Urogalle.

Don de M. de Comte.

9822. **TETRAO** Tetrix (Linn.), **TETRAS** à queue fourchue.

Don de M. de Comte.

9831. **BONASA** Cupido (Linn.).

Amérique.   Don de M. H. de Givenchy.

9832. **BONASA** Betulina (Scop.), **GELINOTTE** ordinaire.

Don de M. H. de Givenchy.

9835. **LAGOPUS** Albus (Gm.), **LAGOPÈDE** Subalpin.

Don de M. H. de Givenchy.

9836. **LAGOPUS** Scoticus (Lath.), **LAGOPÈDE** d'Ecosse.

Don de M. H. de Givenchy.

9837. **LAGOPUS** Mutus (Leach.), **LAGOPÈDE** Alpin.

Don de M. de Comte.

9838. **LAGOPUS** Rupestris.

Nord de l'Amérique.   Don de M. de Comte.

9841. STRUTHIO Camelus (Linn.).

AFRIQUE.   Don de M. H. de Givenchy.

9845. DROMAIUS Novæ-Hollandiæ (Lath.).

AUSTRALIE.   Don de M. Dupuis.

9857. TINAMUS Tao (Tem.).

VÉNÉZUÉLA.   Don de M. H. de Givenchy.

9861. TINAMUS Robustus (Sclat.).

MEXIQUE.   Don de M. H. de Givenchy.

9870. TINAMUS Tataupa (Tem.).

BRÉSIL,   Don de M. H. de Givenchy.

9875. TINAMUS Meserythrus (Salv.).

GUATEMALA,   Don de M. H. de Givenchy.

9884. TINAMUS Boucardi (Sallé.).

GUATEMALA.   Don de M. H. de Givenchy.

9895. RHYNCHOTUS Rufescens (Tem.).

BRÉSIL.   Don de M. H. de Givenchy.

9902. NOTHURA Maculosa (Tem.).

BRÉSIL.   Don de M. H. de Givenchy.

ORDRE VII. — GRALLÆ

9913. OTIS Tarda (Linn.), OUTARDE barbue.

Don de M. H. de Givenchy.

9914. OTIS Tetrax (Linn.), OUTARDE Canepetière.

Don de M. H. de Givenchy.

9939. ŒDICNEMUS Crepitans (Tem.), ŒDICNEME criard.

Don de M. de Comte.

9950. VANELLUS Cristatus (Mey.), VANNEAU huppé.

Don de M. H. de Givenchy.

9953. CHETTUSIA Gregaria (Pall.), VANNEAU social.

Don de M. H. de Givenchy.

9982. CHARADRIUS Apricarius (Linn.), PLUVIER doré.

Don de M. H. de Givenchy.

9987. CHARADRIUS Vociferus (Linn.).

NORD ET SUD AMÉRIQUE.   Don de M. H. de Givenchy.

9998. CHARADRIUS Hiaticula (Linn.), Grand PLUVIER à collier.

Don de M. de Comte.

10020. CHARADRIUS Cantianus (Lath.), PLUVIER de Kent.

Don de M. H. de Givenchy.

10026. GLAREOLA Pratincola (Linn.), GLAREOLE à collier.

Don de M. H. de Givenchy.

10057. HŒMATOPUS Ostralegus (Linn.), HUI-TRIER Pie.

AMÉRIQUE.   Don de M. H. de Givenchy.

10079. GRUS Cinerea (Beckst.), GRUE cendrée.

Don de M. H. de Givenchy.

1092. ANTHROPOIDES Virgo (Linn.), DEMOISELLE
de Numidie.

Don de M. H. de Givenchy.

10099. ARDEA Cinerea (Linn.), HÉRON cendré.

Don de M. de Comte.

10102. ARDEA Purpurea (Linn.), HÉRON pourpré.

Don de M. H. de Givenchy.

10113. ARDEA Garzetta (Linn.), HÉRON Garzette.

Don de M. H. de Givenchy.

10129. ARDEA Leucoprymma (Licht.).

ATLANTIQUE.   Don de M. H. de Givenchy.

10148. ARDEA Minuta (Linn.), HÉRON Blongios.

Don de M. de Comte.

10171. NYCTIARDEA Nycticorax (Linn.), HÉRON
Bihoreau.

Don de M. H. de Givenchy.

10184. CICONIA Alba (Belon), CIGOGNE blanche.

Don de M. H. de Givenchy.

10199. PLATALEA Leucorodia (Linn.), SPATULE
blanche.

Don de M. de Comte.

10211. IBIS Rubra (Linn.).

AMÉRIQUE.   Don de M. H. de Givenchy.

10239. NUMENIUS Arquata (Linn.), COURLIS
cendré.

Don de M. H. de Givenchy.

10258. LIMOSA Ægocephala (Linn.), BARGE à
queue noire.

Don de M. H. de Givenchy.

10272. TOTANUS Calidris (Linn.), CHEVALIER Gambette.

Don de M. H. de Givenchy.

10279. TRINGOÏDES Hypoleucos (Linn.), CHEVA-LIER Guignette.

Don de M. H. de Givenchy.

10280. TRINGOIDES Macularius (Linn.).

AMÉRIQUE.   Don de M. H. de Givenchy.

10285. RECURVIROSTRA Avocetta (Linn.), AVO-CETTE à nuque noire.

Don de M. H. de Givenchy.

10299. PHILOMACHUS Pugnax (Linn.), CHEVALIER combattant.

Don de M. H. de Givenchy.

10310. TRINGA Cinclus (Linn.), BECASSEAU Cincle.

Don de M. H. de Givenchy.

10329. GALLINAGO Scopolacina (Bp.), BÉCASSINE ordinaire.

Don de M. H. de Givenchy.

10352. SCOPOLAX Rusticola (Linn.), BÉCASSE ordinaire.

Don de M. de Comte.

10408. ARAMUS Aquaticus (Linn.), RALE D'EAU.

Don de M. H. de Givenchy.

10431. ARAMIDES Carolina (Linn.).

NORD DE L'AMÉRIQUE.   Don de M. H. de Givenchy.

10450. ORTYGOMETRA Crex (Linn.), RALE DE GENET.

Don de M. de Comte.

10451. ORTYGOMETRA Porzana (Linn.), POULE
D'EAU Marouette.

Don de M. de Comte.

10461. ORTYGOMETRA Pygmæa (Naum.), POULE
D'EAU Baillon.

Don de M. de Comte.

10495. GALLINULA Chloropus (Linn.), POULE
D'EAU ordinaire.

Don de M. de Comte.

10513. FULICA Atra (Linn.), FOULQUE noire.

Don de M. de Comte.

10515. FULICA Americana (Gm.).

AMÉRIQUE. Don de M. H. de Givenchy.

ORDRE VIII. — ANSERES

10544. PHŒNICOPTERUS Antiquorum (Tem.),
FLAMMANT rose.

Don de M. H. de Givenchy.

10557. SARKIDIORNIS Ægyptiaca (Gm.), OIE
d'Egypte.

Don de M. de Comte.

10561 *bis*. ANSER Cinereus Domesticus (Meyer),
OIE domestique.

Don de MM. de Comte et Dupuis.

10574. ANSER Cygnoides Domesticus (Linn.), OIE de Guinée domestique.

Don de M. Dupuis.

10597 *bis*. CYGNUS Olor Domesticus (Gm.), CYGNE domestique.

Don de MM. de Comte et Dupuis.

10618. TADORNA Cornuta (Gm.), CANARD Tadorne.

Don de M. H. de Givenchy.

10628. MARECA Penelope (Linn.), CANARD siffleur.

Don de M. de Comte.

10632. DAFILA Acuta (Linn.), CANARD Pilet.

Don de M. H. de Givenchy.

10638. ANAS Boschas (Linn.), CANARD sauvage.

Don de M. de Comte.

10638 *bis*. ANAS Boschas Domestica (Linn.), CANARD domestique.

Don de M. Dupuis.

10658. QUERQUEDULA Discors (Linn.).
AMÉRIQUE.   Don de M. H. de Givenchy.

10661. QUERQUEDULA Crecca (Linn), SARCELLE d'hiver.

Don de M. de Comte.

10674. CHAULELASMUS Strepera (Linn.), CANARD Ridenne.

Don de M. H. de Givenchy.

10676. SPATULA Clypeata (Linn.), CANARD Souchet.

Don de M. de Comte.

10682 *bis*. CAIRINA Moschata Domestica (Linn.), CANARD de Barbarie.

Don de M. de Comte.

10686. FULIX Marila (Linn.), CANARD Milouinan.

Don de M. H. de Givenchy.

10689. AYTHIA Ferina (Linn.), CANARD Milouin.

Don de M. H. de Givenchy.

10696. BUCEPHALA Clangula (Linn.), CANARD Garrot.

Don de M. H. de Givenchy.

•10701. HARELDA Glacialis (Linn.), CANARD de Miquelon.

Don de M. H. de Givenchy.

10706. SOMATERIA Mollissima (Linn.), CANARD Eider.

Don de M. de Comte.

10710. OIDEMIA Nigra (Linn.), MACREUSE noire.

Don de M. H. de Givenchy.

10728. MERGUS Castor (Linn.), GRAND HARLE.

Don de M. H. de Givenchy.

10729. MERGUS Serrator (Linn.), HARLE huppé.

Don de M. H. de Givenchy.

10738. COLYMBUS Septentrionalis (Linn.), PLON-GEON Cat-Marin.

Don de M. H. de Givenchy.

10739. PODICEPS Cristatus (Linn.), GRÈBE huppé.

Don de M. H. de Givenchy.

10763. PODICEPS Minor (Linn.), GREBE Castagneux.

Don de M. de Comte.

10774. CHENALOPEX Torda (Linn.), PINGOUIN Macroptère.

Don de M. de Comte.

10775. ALCA Arctica (Linn.), MACAREUX Moine.

Don de M. de Comte.

10820. URIA Troile (Linn.), GUILLEMOT à capuchon.

Don de M. de Comte.

10821. URIA Rhingvia (Brunn.), GUILLEMOT pleureur

Don de M. de Comte.

10822. URIA Lomvia (Linn.), GUILLEMOT à gros bec.

Don de M. de Comte.

10851. PROCELLARIA Pelagica (Linn.), PÉTREL tempête.

Don de M. de Comte.

10856. PROCELLARIA Leucorrhoa (Linn.), PÉTREL de Leach.

Don de M. de Comte.

10937. STERCORARIUS Parasiticus (Linn.), STERCORAIRE Parasite.

Don de M. de Comte.

10945. LARUS Canus (Linn.), GOËLAND cendré.

Don de M. H. de Givenchy.

10952. LARUS Marinus (Linn.), GOËLAND à manteau noir.

Don de M. H. de Givenchy.

10959. LARUS Fuscus (Linn.), GOËLAND brun.

Don de M. de Comte.

10960. LARUS Glaucus (Brünn.), GOËLAND bour-
guemestre.

Don de M. de Comte.

10968. LARUS Argentatus (Brünn.), GOËLAND à
manteau bleu.

Don de M. de Comte.

10981. LARUS Ridibundus (Linn.), MOUETTE rieuse.

Don de M. H. de Givenchy.

11017. RISSA Tridactyla (Linn.), MOUETTE Tri-
dactyle.

Don de M. H. de Givenchy.

11020. STERNA Hirundo (Linn.), STERNE Arctique.

Don de M. de Comte.

11021. STERNA Fluviatilis (Naum.), STERNE
Hirondelle.

Don de M. de Comte.

11024. STERNA Wilsoni (Bp.).
Cayenne.

Don de M. de Comte.

11038. STERNA Paradisea (Brünn.), STERNE Dou-
gall.

Don de M. H. de Givenchy.

11044. STERNA Cantiaca (Gm.), STERNE Caugek.

Don de M. de Comte.

11062. STERNA Minuta (Linn.), STERNE petite.

Don de M. de Comte.

11069. HYDROCHELIDON Fissipes (Linn.), STERNE
épouvantail.

Don de M. de Comte.

10

11079. **HYDROCHELIDON** Fuliginosa (Gm.).

AMÉRIQUE.   Don de M. H. de Givenchy.

11112. **GRACULUS** Carbo (Linn.), **CORMORAN** ordinaire.

Don de M. de Comte.

11142. **GRACULUS** Pygmæus (Pall.), **CORMORAN** Pygmé.

Don de M, H. de Givenchy.

11152. **PELECANUS** Crispus (Bruch.), **PÉLICAN** frisé.

Don de M. H. de Givenchy.

REPTILES

ALLIGATOR Lucius.

CENTRE DE L'AMÉRIQUE.   Don de M. de Givenchy.

LÉPIDOPTÈRES

CLASSÉS

d'après l'ouvrage de **H. LUCAS.**

Histoire naturelle des Lépidoptères d'Europe
et des Lépidoptères exotiques.

2 vol. in-8°.

LÉPIDOPTÈRES D'EUROPE

1ʳᵉ SECTION. — ACHALINOPTERA

1ʳ TRIBU. — PAPILLONIDÆ

1ᵉʳ genre. — *Papilio*.

1. PAPILIO Podalirius (Linn.), PAPILLON Flambé.
   A. Adulte.
   B. Adulte.
   c. Adulte.

3. PAPILIO Alexanor (Esp.), PAPILLON Alexanor.
   A. Adulte.

4. PAPILIO Machaon (Linn.), PAPILLON Machaon.
   A. Adulte.
   B. Adulte,
   c. Adulte.

2ᵉ genre. — *Thais*.

7. THAIS Medesicaste (God.), THAIS Médésicaste.
   A. Adulte.
   B. Adulte.
   c. Adulte.

4e genre. — Parnassius.

9. PARNASSIUS Apollo (God.), PARNASSIEN Apollon.

A. Adulte.
B. Adulte.

10. PARNASSIUS Phœbus (God.), PARNASSIEN Phœbus.

A. Adulte.
B. Adulte.

2ᵉ TRIBU. — PIERIDÆ

1ᵉʳ genre. — Pieris.

12. PIERIS Cratægi (Linn.), PIÉRIDE Gazée.

A. Adulte.
B. Adulte.

13. PIERIS Brassicæ (Linn.), PIÉRIDE du chou.

A. Mâle adulte.
B. Femelle adulte.

14. PIERIS Rapæ (God.), PIÉRIDE de la rave.

A. Mâle adulte et femelle adulte.

15. PIERIS Napi (God.), PIÉRIDE du navet.

A. Mâle adulte.
B. Mâle adulte.
B. Mâle adulte.
D. Mâle adulte et femelle adulte.

17. PIERIS Daplidice (Linn.), PIÉRIDE Daplidice.

A. Adulte.
B. Adulte.
c. Adulte.

2e genre. — *Anthocharis.*

18. ANTHOCHARIS Eupheno (Linn.), **ANTHOCHA-RIS** Eupheno.

A. Adulte.
B. Adulte.

19. ANTHOCHARIS Cardamines (Linn.), **ANTHO-CHARIS** du cresson.

A. Mâle adulte.
B. Mâle adulte.
c. Mâle adulte.
D. Femelle adulte.

3e genre. —· *Leucophasia.*

20. LEUCOPHASIA Sinapis (Linn.), **LEUCOPHASIE** de la moutarde.

A. Adulte et adulte.
B. Adulte.

4e genre. — *Rhodocera.*

21. RHODOCERA Rhamni (Linn.), **RHODOCÈRE** citron.

A. Mâle adulte.
B. Mâle adulte.
c. Femelle adulte.

22. RHODOCERA Cleopatra (Linn.), **RHODOCÈRE** Cléopatre.

A. Adulte.
B. Adulte.

5e genre. — *Colias.*

23. COLIAS Edusa (Linn.), **COLIADE** Souci.

A. Adulte.
B. Mâle adulte et femelle adulte.
C. Mâle adulte et femelle adulte.

25. COLIAS Phicomone (God.), COLIADE Phicomone.

A. Adulte.

3ᵉ TRIBU. — LICÆNIDÆ

1ᵉʳ genre. — Thecla.

26. THECLA Betulæ (Linn.), THÉCLA du bouleau.

A. Mâle adulte.
B. Femelle adulte.

28. THECLA W. Album (God.), THÉCLA W. Blanc.

A. Mâle adulte.

30. THECLA Lynceus (God.), THÉCLA Lyncée.

A. Adulte.
B. Adulte.

34. THECLA Rubi (Linn.), THÉCLA de la ronce.

A. Mâle adulte.
B. Mâle adulte.

2ᵉ genre. — Polyommatus.

36. POLYOMMATUS Phlæas (Linn.), POLYOMMATE Phlæas.

A. Adulte.

41. POLYOMMATUS Thersamon (God.), POLYOMMATE Thersamon.

A. Adulte.

3ᵉ genre. — *Lycæna*.

44. LYCÆNA Bœtica (Linn.), LYCÈNE strié.

A. Adulte.
B. Adulte.

46. LYCÆNA Argiolus (Linn.), LYCÈNE Argiolus.

A. Mâle adulte.

57. LYCÆNA Argus (Linn.), LYCÈNE Argus.

A. Adulte.

60. LYCÆNA Agestis (God.), LYCÈNE Agestis.

A. Adulte.

63. LYCÆNA Adonis (God.), LYCÈNE Adonis.

A. Adulte.

4ᵉ TRIBU. — ARGYNNIDÆ

1ᵉʳ genre. — *Argynnis*.

66. ARGYNNIS Lathonia (Linn.), ARGYNNE Lathonia.

A. Adulte.
B. Adulte.

67. ARGYNNIS Paphia (Linn.), ARGYNNE tabac d'Espagne.

A. Mâle adulte.
B. Femelle adulte.
C. Femelle adulte.

68. ARGYNNIS Pandora (Esp.), ARGYNNE Pandore.

A. Adulte.
B. Adulte.

69. ARGYNNIS Aglaia (Linn.), ARGYNNE Aglaé.

A. Adulte.
B. Adulte.
C. Adulte.

78. ARGYNNIS Ino (God.), ARGYNNE Ino.

A. Adulte.
B. Adulte.

2e genre. — Melitæa.

79. MELITÆA Artemis (God.), MELITÉE Artemis.

A. Adulte.
B. Adulte.
C. Adulte.

80. MELITÆA Cinxia (Linn.), MELITÉE Cinxia.

A. Adulte.
B. Adulte.

83. MELITÆA Didyma (God.), MELITÉE Didyma.

A. Mâle adulte.
B. Femelle adulte.

5ᵉ TRIBU. — VANESSIDÆ

1ᵉʳ genre. — Vanessa.

84. VANESSA C. Album (Linn.), VANESSE Gamma.

A. Adulte.

89. VANESSA Io (Linn.), VANESSE paon de jour.

A. Adulte.

90. VANESSA Antiopa (Linn.), VANESSE Morio.

A. Adulte.

91. VANESSA Atalanta (Linn.), VANESSE Vulcain.

A. Adulte.

92. VANESSA Cardui (Linn.), VANESSE Belle Dame.

A. Adulte.
B. Adulte.

93. VANESSA Prorsa (Linn.), VANESSE Carte géographique brune.

A. Adulte.

7ᵉ TRIBU. — NYMPHALIDÆ

1ᵉʳ *genre.* — *Limenitis.*

98. LIMENITIS Sybilla (Fab.), LIMÉNITE petit Sylvain.

A. Adulte.
B. Adulte.
C. Adulte.

99. LIMENITIS Camilla (Fab.), LIMÉNINE Sylvain azuré.

A. Adulte.
B. Adulte.

2ᵉ *genre.* — *Nymphalis.*

100. NYMPHALIS Populi (Linn.), NYMPHALE grand Sylvain.

A. Adulte.
B. Adulte.

3ᵉ *genre.* — *Apatura.*

101. APATURA Iris (Linn.), APATURE grand Mars.

A. Adulte.
B. Adulte.
C. Adulte.

102. APATURA Ilia (God), APATURE petit Mars.
A. Adulte.
B. Adulte.

4e genre. — Charaxes.

103. CHARAXES Jasius (Linn)., CHARAXES Jasius.
A. Adulte.

8ᵉ TRIBU. — SATYRIDÆ

1ᵉʳ genre. — Arges.

104. ARGE Lachesis (God.). ARGE Lachésis.
A. Adulte.
B. Adulte.

4e genre. — Satyrus.

128. SATYRUS Actæa (God.), SATYRE Actéon.
A. Adulte.
B. Adulte.
C. Adulte.
D. Adulte.

130. SATYRUS Phœdra (Linn.), SATYRE Phœdra.
A. Adulte.
B. Adulte.

131. SATYRUS Fidia (Linn.), SATYRE Fidia.
A. Adulte.

133. SATYRUS Hermione (Linn.), SATYRE Sylvan-
dre.

A. Adulte.

134. SATYRUS Circe (God.), SATYRE Silène.

A. Adulte.
B. Adulte.

135. SATYRUS Briseis (Linn.), SATYRE Hermite.

A. Adulte.
B. Adulte.

136. SATYRUS Semele (Linn.), SATYRE Agreste.

A. Adulte.
B. Adulte.

137. SATYRUS Arethusa (God.), SATYRE Aréthuse.

A. Adulte.
B. Adulte.

139. SATYRUS Janira (Linn.), SATYRE Myrtile.

A. Adulte.
B. Adulte.

140. SATYRUS Tithonius (Linn.), SATYRE Amaryllis.

A. Adulte.
B. Adulte.

141. SATYRUS Ida (God.), SATYRE Ida.

A. Adulte.
B. Adulte.

144. SATYRUS Megæra (Linn.), SATYRE Mégère.

A. Adulte.
B. Adulte.

145. SATYRUS Ægeria (Linn.), SATYRE Tircis.
   A. Adulte.
   B. Adulte.

146. SATYRUS Dejanira (Linn.), SATYRE Bacchante.
   A. Adulte.

147. SATYRUS Hyperanthus (Linn.), SATYRE Tristan.
   A. Adulte.

152. SATYRUS Philea (God.), SATYRE Philea.
   A. Adulte.

153. SATYRUS Corinnus (God.), SATYRE Corinnus.
   A. Adulte.

9[e] TRIBU. — HESPERIDÆ

1er genre. — Steropes.

157. STEROPES Aracynthus (Fabr.), STEROPE miroir.
   A. Adulte.

3e genre. — Syrichtus.

162. SYRICHTUS Fritillum (God.), SYRICHTE Fritillaire.
   A. Adulte.

4e genre. — Thanaos.

164. THANAOS Tages (God.), THANAOS grisette.
   A. Adulte.

2ᵉ SECTION. — CHALINOPTERA

1ʳᵉ TRIBU. — SESICIDÆ

2ᵉ genre. — Sesia.

173. SESIA Culiciformis (God.), SÉSIE culiciforme.
   A. Adulte.

2ᵉ TRIBU. — SPHINGIDÆ

1ᵉʳ genre. — Macroglossa.

183. MACROGLOSSA Fuciformis (Linn.), MACRO-
   GLOSSE fuciforme.

   A. Adulte.

184. MACROGLOSSA Bombyliformis (God.), MACRO-
   GLOSSE Bombyliforme.

   A. Femelle adulte.

185. MACROGLOSSA Stellatarum (Linn.), MACRO-
   GLOSSE Moro Sphinx.

   A. Femelle adulte.

2ᵉ genre. — Pterogon.

186. PTEROGON Œnotheræ (God.), PTEROGON de
   l'Œnothère.

   A. Mâle adulte.

3e genre. — *Deilephila*.

187. DEILEPHILA Euphorbiæ (Linn.), DÉILÉPHILE de l'Euphorbe.

A. Adulte.

B. A dulte.

189. DEILEPHILA Gallii (God.), DÉILÉPHILE de la Garance.

A. Mâle adulte.

191. DEILEPHILA Vespertilio (God.), DÉILÉPHILE Vespertilio.

A. Mâle adulte.

192. DEILEPHILA Lineata (God.), DÉILÉPHILE Livournien.

A. Mâle adulte.

193. DEILEPHILA Nerii (God.), DÉILÉPHILE du laurier rose.

A. Femelle adulte.

195. DEILEPHILA Elpenor (Linn.), DÉILÉPHILE de la vigne.

A. Adulte.

196. DEILEPHILA Porcellus (Linn.), DÉILÉPHILE petit pourceau.

A. Femelle adulte.

4e genre. — *Sphinx*.

197. SPHINX Pinastri (Linn.), SPHINX du pin.

A. Adulte.

198. SPHINX Ligustri (Linn.), SPHINX du Troène.

A. Femelle adulte.

199. SPHINX Convolvuli (Linn.), SPHINX du Liseron.

    A. Adulte.

5ᵉ genre. — Acherontia.

200. ACHERONTIA Atropos (Linn.), ACHERONTIE tête de mort.

    A. Adulte.

6ᵉ genre. — Smerinthus.

201. SMERINTHUS Tilliæ (Linn.), SMÉRINTHE du tilleul.

    A. Adulte.
    B. Adulte.

202. SMERINTHUS Ocellata (Linn.), SMÉRINTHE demi-paon.

    A. Femelle adulte.

203. SMERINTHUS Populi (Linn.), SMÉRINTHE du peuplier.

    A. Adulte.
    B. Adulte.

204. SMERINTHUS Quercus (God.), SMÉRINTHE du chêne.

    A. Adulte.

3ᵉ TRIBU. — ZYGENIDÆ

1ᵉʳ genre. — Zygæna.

205. ZYGÆNA Minos (Och.), ZYGÈNE Minos.

    A. Adulte.

209. ZYGÆNA Meliloti (Och.), ZYGÈNE du Mélilot.

A. Femelle adulte.

210. ZYGÆNA Exulans (Och.), ZYGÈNE exilée.

A. Mâle adulte.

211. ZYGÆNA Trifolii (Och.), ZYGÈNE du trèfle.

A. Femelle adulte.

213. ZYGÆNA Filibendulæ (Linn.), ZYGÈNE de la Filipendule.

A. Adulte.

214. ZYGÆNA Transalpina (Och.), ZYGÈNE Transalpine.

A. Mâle adulte.

215. ZYGÆNA Peucedani (Och.), ZYGÈNE du Peucédan.

A. Mâle adulte.

216. ZYGÆNA Lavendulæ (Och.), ZYGÈNE de la Lavande.

A. Adulte.

217. ZYGÆNA Rhadamanthus (Och.), ZYGÈNE Rhadamanthe.

A. Adulte.

219. ZYGÆNA Occitanica (Och.), ZYGÈNE du Languedoc.

A. Mâle adulte.

220. ZYGÆNA Fausta (Och.), ZYGÈNE de la Bruyère.

A. Adulte.

2ᵉ *genre.* — *Syntomis.*

223. SYNTOMIS Phegea (God.), SYNTOMIDE Phégéa.

A. Mâle adulte.

3ᵉ *genre. — Procris.*

224. PROCRIS Statices (Linn.), PROCRIDE de la statice.

A. Mâle adulte.

4ᵉ TRIBU. — LYTHOSIDÆ

2ᵉ *genre. — Emydia.*

229. EMYDIA Cribrum (Linn.), EMYDIE crible.

A. Mâle adulte.

230. EMYDIA Grammica (Linn.), EMYDIE Grammica.

A. Mâle adulte.

3ᵉ *genre. — Dejopeia.*

231. DEJOPEIA Pulchella (Linn.), DEJOPÉIE gentille.

A. Femelle adulte.

4ᵉ *genre. — Lithosia.*

232. LITHOSIA Rubricollis (Linn.), LITHOSIE collier rouge.

A. Mâle adulte.

233. LITHOSIA Quadra (Linn.), LITHOSIE quadrille.

A. Mâle adulte.

235. LITHOSIA Complana (Linn.), LITHOSIE aplatie.

A. Femelle adulte.

237. LITHOSIA Aureola (God), LITHOSIE jaunette.

A. Mâle adulte.

5e genre. — *Calligenia.*

239. CALLIGENIA Rosea (God.), CALLIGÉNIE rosette.

A. Mâle adulte.

6e genre. — *Setina.*

240. SETINA Irrorea (Linn.), SÉTINE arrosée.

A. Adulte.

5e TRIBU. — CHENOLIDÆ

1er genre. — *Euchelia.*

245. EUCHELIA Jocobeæ (Linn.), EUCHÉLIE du seneçon.

A. Adulte.

2e genre. — *Callimorpha.*

246. CALLIMORPHA Dominula (Linn.), CALLIMORPHE Dominula.

A. Femelle adulte.

247. CALIMORPHA Hera (Linn.), CALLIMORPHE Héra.

A. Adulte.
B. Adulte.

3e genre. — *Enthemonia.*

248. ENTHEMONIA Russula (Linn.), ENTHÉMONIE roussette.

A. Femelle adulte.

4ᵉ genre. — Chelonia.

249. CHELONIA Plantaginis (Linn.), CHÉLONIE du plantain.

A. Femelle adulte.

251. CHELONIA Villica (Linn.), CHÉLONIE fermière.

A. Adulte.
B. Adulte.

253. CHELONIA Purpurea (Linn.), CHÉLONIE pourprée.

A. Femelle adulte.

255. CHELONIA Caja (Linn.), CHÉLONIE Caja.

A. Adulte.

256. CHELONIA Hebe (Linn.), CHÉLONIE Hébé.

A. Adulte.
B. Adulte.

5ᵉ genre. — Arctia.

257. ARCTIA Fuliginosa (Linn.), ARCTIE fuligineuse.

A. Femelle adulte.

259. ARCTIA Lubricipeda (God.), ARCTIE lubricipède.

A. Mâle adulte.

260. ARCTIA Menthastri (God.), ARCTIE de la menthe.

A. Femelle adulte.
B. Adulte.
C. Adulte.

261. ARCTIA Mendica (Linn.), ARCTIE mendiante.

A. Femelle adulte.

6ᵉ TRIBU. — LIPARIDÆ
1ᵉʳ *genre*. — *Liparis*.

262. LIPARIS Monacha (Linn.), LIPARIS moine.

A. Adulte.

263. LIPARIS Chrysorrhœa (Linn.), LIPARIS cul brun.

A. Femelle adulte.

264. LIPARIS Aurifua (God.), LIPARIS cul doré.

A. Adulte.
B. Adulte.

2ᵉ *genre*. — *Orgyia*.

266. ORGYIA Pudibunda (Linn.), ORGYIE pudibonde.

A. Adulte.

267. ORGYIA Gonostigma (Fab.), ORGYIE Gonostigma.

A. Mâle adulte.

268. ORGYIA Coryli (Linn.), ORGYIE du coudrier.

A. Adulte.

7ᵉ TRIBU. — LASIOCAMPIDÆ
1ᵉʳ *genre*. — *Lasiocampa*.

269. LASIOCAMPA Quersifolia (Linn.), LASIOCAMPE feuille du chêne.

A. Mâle adulte.

270. LASIOCAMPA Populifolia (God.), LASIO-
CAMPE feuille du peuplier.

A. Adulte.

271. LASIOCAMPA Potatoria (Linn.), LASIOCAMPE
buveuse.

A. Mâle adulte.

8ᵉ TRIBU. — BOMBYCIDÆ

1ᵉʳ *genre*. — *Bombyx*.

272. BOMBYX Neustria (Linn.), BOMBYCE Neus-
trien.

A. Mâle adulte.

273. BOMBYX Castrensis (Linn.), BOMBYCE Cas-
trense.

A. Mâle adulte.

276. BOMBYX Lanestris (Linn.), BOMBYCE Lai-
neux.

A. Mâle adulte.

277. BOMBYX Rubi (Linn.), BOMBYCE de la ronce.

A. Femelle adulte.

278. BOMBYX Quercus (Linn.), BOMBYCE du chêne.

A. Adulte.
B. Adulte.

279. BOMBYX Trifolii (God.), BOMBYCE du trèfle.

A. Mâle adulte.

9ᵉ TRIBU. — ATTACIDÆ

1ᵉʳ genre. — Attacus.

280. ATTACUS Pavonia Major (Linn.), ATTACUS grand paon.

A. Adulte.
B. Adulte.

281. ATTACUS Pavonia Minor (Linn.), ATTACUS petit paon.

A. Adulte.
B. Adulte.

10ᵉ TRIBU. — ENDROMIDÆ

1ᵉʳ genre. — Aglia.

282. AGLIA Tau (Linn.), AGLIA Tau.

A. Adulte.

2ᵉ genre. — Endromis.

283. ENDROMIS Versicolora (Linn.), ENDROMIS versicolore.

A. Mâle adulte.

11ᵉ TRIBU. — HEPIALIDÆ

1ᵉʳ genre. — Zeuzera.

284. ZEUZERA Æsculi (Linn.), ZEUZÈRE du marronnier.

A. Adulte.
B. Adulte.

14ᵉ TRIBU. — NOTODONTIDÆ

1ᵉʳ *genre*. — *Lophopteria*.

290. LOPHOPTERIX Camelina (Linn.), LOPHOP-
TÉRYX chameau.

A. Mâle adulte.

2ᵉ *genre*. — *Leiocampa*.

291. LEIOCAMPA Dictæoïdes (Esp.), LÉIOCAMPE
Dictæoïde.

A. Adulte.

3ᵉ *genre*. — *Notodonta*.

292. NOTODONTA Dromedarius (Linn.), NOTO-
DONTE dromadaire.

A. Femelle adulte.

293. NOTODONTA Zic-Zac (Linn.), NOTODONTE
zic-zac.

A. Femelle adulte.

296. NOTODONTA Dodonæa (God.), NOTODONTE
Dodonéen.

A. Femelle adulte.

4ᵉ *genre*. — *Diloba*.

297. DILOBA Cæruleocephala (Linn.), DILOBE
double Oméga.

A. Femelle adulte.

15ᵉ TRIBU. — PYGŒRIDÆ

1ᵉʳ *genre*. — *Pigœra*.

298. PIGÆRA Bucephala (Linn.), PYGÈRE bucéphale.

A. Adulte.
B. Adulte.
c. Adulte.

16ᵉ TRIBU. — BOMBYCOIDÆ

1ᵉʳ *genre*. — *Acronycta*.

300. ACRONYCTA Leporina (Linn.), ACRONYCTE lièvre.

A. Mâle adulte.

301. ACRONYCTA Aceris (Linn.), ACRONYCTE de l'érable.

A. Mâle adulte.

302. ACRONYCTA Megacephala (Fab.), ACRONYCTE mégacéphale.

A. Adulte.
B. Adulte.

303. ACRONYCTA Rumicis (Linn.), ACRONYCTE de la patience.

A. Mâle adulte.

2ᵉ *genre*. — *Diphtera*.

305. DIPHTERA Orion (Esp.), DIPHTÈRE Orion

A. Mâle adulte.

17ᵉ TRIBU. — NOCTUO-BOMBYCIDÆ

1ᵉʳ *genre.* — *Cymathophora.*

309. CYMATOPHORA Flavicornis (Linn.), CYMA-
TOPHORE flavicorne.

A. Femelle adulte.

18ᵉ TRIBU. — ORTHOSIDÆ

1ᵉʳ *genre.* — *Xanthia.*

311. XANTHIA Gilvago (Och.), XANTHIE cendrée.

A. Adulte.

3ᵉ *genre.* — *Gonoptera.*

313. GONOPTERA Libatrix (Linn.), GONOPTÈRE
découpure.

A. Mâle adulte.

23ᵉ TRIBU. — NOCTUELIDÆ

1ᵉʳ *genre.* — *Triphæna.*

331. TRIPHÆNA Fimbria (Linn.), TRIPHÈNE
frange.

A. Mâle adulte.

333. TRIPHÆNA Pronuba (Linn.), TRIPHÈNE Pronuba.

A. Mâle adulte.

2*e* *genre*. — *Agrotis*.

336. AGROTIS Exclamationis (Linn.), AGROTIS exclamation.

   A. Mâle adulte.

337. AGROTIS Segetum (Hubn.), AGROTIS moissonneuse.

   A. Adulte.

338. AGROTIS Suffusa (Fab.), AGROTIS Baignée.

   A. Mâle adulte.

24* TRIBU. — AMPHIPYRIDÆ

2*e* *genre*. — *Mania*.

341. MANIA Maura (Linn.), MANIA Maure.

   A. Adulte.

27*e* TRIBU. — CATOCALIDÆ

1*er* *genre*. — *Catocala*.

352. CATOCALA Fraxeini (Linn.), CATOCALE du frène.

   A. Adulte.

353. CATOCALA Nupta (Linn.), CATOCALE mariée.

   A. Adulte.
   B. Adulte.
   C. Adulte.

354. CATOCALA Sponsa (Linn.), CATOCALE fiancée.

   A. Femelle adulte.

355. CATOCALA Promissa (Fab.), CATOCALE promise.

A. Adulte.

29ᵉ TRIBU. — FHALENOIDÆ

1ᵉʳ *genre*. — *Brephos*.

358. BREPHOS Parthénias (Esp.), BRÉPHOS Parthénias.

A. Mâle adulte.

LÉPIDOPTÈRES EXOTIQUES

Genre. — Papilio.

PAPILIO Sarpédon (Linn.), PAPILLON Sarpédon.
Hab. l'île de Java.

A. Adulte.

PAPILIO Evander (God.), PAPILLON Evandre.
Hab. le Brésil.

A. Adulte.

PAPILIO Cresphontes (Fab.), PAPILLON Cresphonte.
Hab. l'île de Java.

A. Adulte.

PAPILIO Macarœus (God.), PAPILLON Macarée.
Hab. l'île de Java.

A. Adulte.

PAPILIO Dissimilis (Linn.), PAPILLON dissemblable.
Hab. la Chine.

A. Adulte.

Genre. — Terias.

TERIAS Hecabe (God.), TERIAS Hécabé.
Hab. les Indes Orientales.
A. Adulte.

Genre. — Danais.

DANAIS Cleone (God.), DANAIDE Cléone.
Hab. l'île de Java.
A. Adulte.

DANAIS Pleseippe (God.), DANAIDE Pleseippe.
Hab. les Indes Orientales.
A. Adulte.

Saint-Omer, Imp H. D'HOMONT.